经典服装设计系列丛书

服装款式大系

——女裤装
款式图设计1500例

主　编　章瓯雁
著　者　程锦珊
　　　　魏明琥
　　　　徐晓萍

东华大学出版社

上海

图书在版编目（CIP）数据

女裤装款式图设计1500例 / 章瓯雁主编.
—上海：东华大学出版社，2017.1
（服装款式大系）
ISBN 978-7-5669-1068-4

Ⅰ.①女… Ⅱ.①章… Ⅲ.①女服—裤子—服装款式
—款式设计—图集 Ⅳ.①TS941.717-64

中国版本图书馆CIP数据核字（2016）第119480号

责任编辑　赵春园
封面设计　李　静
版式设计　赵　燕
彩色插画　程锦珊

服装款式大系
——女裤装款式图设计1500例
主编　章瓯雁
著者　程锦珊　魏明琥　徐晓萍
出版：东华大学出版社(上海市延安西路1882号 200051)
本社网址：http://www.dhupress.net
天猫旗舰店：http://dhdx.tmall.com
营销中心：021-62193056　62373056　62379558
电子邮箱：805744969@qq.com
印刷：苏州望电印刷有限公司
开本：889mm×1194mm 1/16
印张：22.5
字数：792千字
版次：2017年1月第1版
印次：2017年1月第1次
书号：ISBN 978-7-5669-1068-4/TS・704
定价：78.00元

前　言

　　服装款式大系系列丛书是以服装品类为主题的服装款式设计系列专业参考读物，以服装企业设计人员、服装专业院校师生为读者对象，尤其适用于全国职业院校服装设计与工艺赛项技能大赛的参赛者，是企业、学校必备的服装款式工具书。

　　女装系列共分为6册，分别为：《女大衣·女风衣款式图设计1500例》《女裤装款式图设计1500例》《女裙装款式图设计1500例》《连衣裙款式图设计1500例》《女衬衫·罩衫款式图设计1500例》《女上衣款式图设计1500例》。系列丛书的每册分为四部分内容：第一部分为品类简介，介绍品类的起源、特征、分类以及经典品类款式等；第二部分为品类款式设计，介绍每一种品类一千余款，尽量做到款式齐全，经典而又流行；第三部分为品类细部设计，单独罗列出每一个品类的各部位的精彩细节设计，便于读者分部位查阅和借鉴；第四部分为品类整体着装效果，用彩色系列款式图的绘制形式呈现，便于学习者观察系列款式整体着装效果，同时，给学习者提供电脑彩色款式图绘制的借鉴。

　　本书为《女裤装款式图设计1500例》，图文并茂地介绍了裤子的起源、特征、分类以及经典裤装款式，汇集一千多例裤子流行款式，确保实用和时尚；以裤子廓形分类，便于学习者款式查找和借鉴；规范绘图，易于版师直接制版；最后，单独罗列出裤子的口袋、腰头等部位的精彩细节设计；最后，用彩色款式图表现裤子的系列款式整体着装效果。

　　本书第一章由章瓯雁编写，程锦珊插图绘画，第二至十二章由程锦珊、章瓯雁、徐晓萍、魏明琥绘画，章瓯雁做图片调整。全书由章瓯雁主编，并负责统稿。

　　由于作者水平有限，且时间仓促，对书中的疏漏和欠妥之处，敬请服装界的专家、院校的师生和广大的读者予以批评指正。

作者

2016年5月18日于杭州

目　录

第一章

款式概述

裤子，美国称pantaloon，简称pant，英国称trousers或slacks，法国称pantalon。包覆双腿的人体下半身服装的统称。最早源于古代亚洲游牧民族的骑马生活服装。后因狩猎和战争的需要，成为男性的主要服装。在女装中，裤子流行较晚，一般认为受19世纪中叶兴起的女权主义和体育运动的影响而产生，图1。

图1　1982年印花白色真丝针织裤

第一节　裤子起源

　　裤子的起源与游牧民族的生活方式紧密相关。为了适应狩猎、战争和防寒的需要，战国时期（公元前475~公元前221年），赵武灵王推行的重大国策——"胡服骑射"就是一个明证。可以推测，裤子是当时亚洲游牧民族（如西北戎狄）的重要服装。中原地区穿上有裆裤子的历史也始于这一时期。在欧洲，拜占庭时期（公元395~1453年）曾流行过霍斯（hose，一种比较紧身的裤子），13世纪至14世纪的紧身且左右异色的连袜裤开始作为军服和劳作服装而被男性采用。16世纪，男性贵族流行膨松圆形的灯笼短裤。17世纪和18世纪，上层社会的灯笼短裤演变成类似的马裤，下层阶级则穿着长裤。19世纪初，英国绅士服装的中长裤成为流行。19世纪中叶，随着西装的问世，西裤与其配套。至19世纪末，现代西装、西裤和背心成为男士服装固定搭配。

　　与男裤流行相比，真正女裤的问世与19世纪中叶爆发的美国妇女服饰改革运动紧密相连。1851年，美国女权运动先驱者布洛默（Amelia Jenks Bloomer）大力推崇由美国设计师米丽设计的象征女性独立自由的灯笼裤，并命名布洛默服式（bloomers），深刻影响现代女装演变。19世纪末，热衷自行车运动的女性开始穿着半长式灯笼裤图2、图3。进入20世纪，特别是第一次世界大战（1914~1918年）和第二次世界大战（1940~1945年），以长裤为标志的女工服装开始流行。此后，随着妇女社会地位的不断提高，长裤广泛流行于女性服装中，并以圣洛朗1968年秋冬巴黎时装发布会上发表的长裤套装为代表，图4、图5、图6、图7、图8、图9、图10、图11。

图2　1894年自行车服灯笼马裤

图3　1900年自行车服灯笼裤

图4　1903年泳装及膝长内裤

图5　1922年骑马装短马裤

图6　1961年低腰白色喇叭裤

图7　1965年印花衬衫配牛仔裤

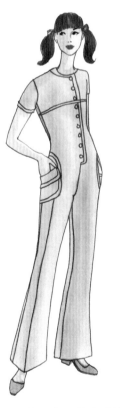

图8　1968年无领短袖伞兵连体裤

图9　1970年高腰喇叭裤

图10　1973年长尖角翻领衬衫配喇叭裤

图11　1974年托迪纳比德套装

第二节　裤子特征

　　形制上，裤子通常有裤腰、裤门襟、裤袋、裤长、裤型和裤口等组成，可采用多种材料缝制而成。在样式演变过程中，裤子变化丰富。裤腰上，有装腰、连腰和无腰等；裤门襟，有前门襟和侧门襟之分；裤袋上，有挖袋、贴袋和无袋；裤长上，有超短、短、中、长和及地（图12、图13、图14、图15、图16）；裤型上，分直筒式、宽松式、合体式、喇叭式、锥形式、灯笼式和褶裤式等（图17、图18、图19、图20、图21）；裤口上，有变大、变细和收紧等变化。

图12　1935年三件套针织套装短裤

图13　1940年骑车套装及膝裙裤

图14　1977年中长宽松裤

图15　1944年骑车套装直筒长裤

图16　1932年沙滩装及地喇叭裤

图17　1966年天鹅绒套装直筒裤

图18 宽腰合体印花长裤

图19 1929年沙滩装亚麻喇叭长裤

图20 1979年灯笼裤

图21 1972年腰口抽褶宽松长裤

第三节 裤子分类

　　根据造型、款式、长度、材料和用途，裤子有各种名称。在造型上，有直筒裤、紧身裤和宽松裤等；在款式上，有翻边裤、脚蹬裤、喇叭裤、灯笼裤、褶裤、裙裤和马裤等；在长度上，有长裤、七分裤、百慕大短裤、牙买加短裤和热裤等；在材料上，有棉、毛、丝、麻、化纤和皮革等；在用途上，有骑车裤、马裤、工装裤、牛仔裤和运动裤等。

牛津裤（oxford trousers），也称袋式裤，直裆深，从臀部至裤脚口特别肥大，一般裤脚口宽30~50厘米，呈口袋状，由牛津大学学生兰伯特（Lambert）设计，流行于20世纪20年代中期（图22）。

工装裤（overalls），也称胸裆裤或吊带裤，具有胸兜、后背交叉背带和大贴袋等特征的宽松裤型，多采用牛仔布等坚牢耐穿的面料缝制。最初是油漆工、木匠和铁路工人等的工作服，20世纪30年代开始被运用于女装和童装（图23）。

卡布里裤（capri pants），采用立裁方法，选用柔软材质制作的七分长贴身裤装，由意大利设计师艾米里欧·普奇（Emilio Pucci）设计，20世纪50年代流行至今（图24）。

喇叭裤，因外轮廓造型酷似喇叭状而得名，20世纪60年代流行于美国，20世纪70年代后期风行世界（图25）。

热裤（hot pants），也称超短裤，与紧身衣和落地长外套搭配穿着。1971年初，美国女装日报（WWD）所创"热裤"一词。热裤由20世纪60年代超短裙演变而来，从20世纪70年代初流行至今（图26）。

牛仔裤（denim pant），采用紧密结实的斜纹棉布织物制作而成，源于19世纪50年代美国西部淘金者的工装裤，成为20世纪70年代西方服装文化的最重要符号，并广泛流行于世界各地和社会各界（图27）。

运动裤（sport pant），强调穿脱方便、行动自如，且以针织面料为主的宽松裤装。兴起于20世纪70年代的全球运动浪潮。20世纪80年代以来，成为各种场合男女老小均为穿着的日常服装（图28）。

图22　牛津裤

图23　工装裤

图24　卡布里裤

图25　喇叭裤

图26　热裤

图27　牛仔裤

图28　运动裤

第二章

款式图设计
（灯笼裤）

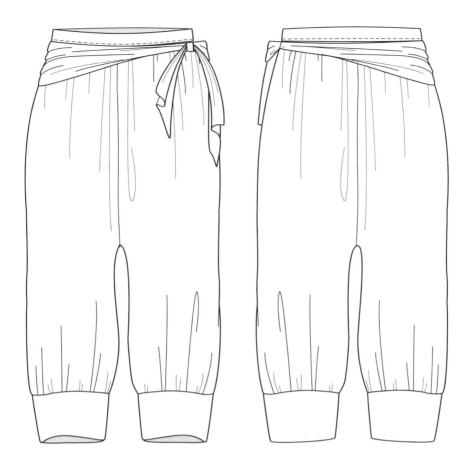

低腰腰间不规则系结抽褶类七分裤

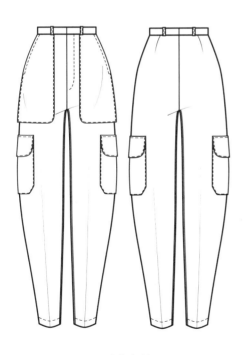

O型萝卜裤

O型萝卜裤

低腰褶裥类萝卜裤

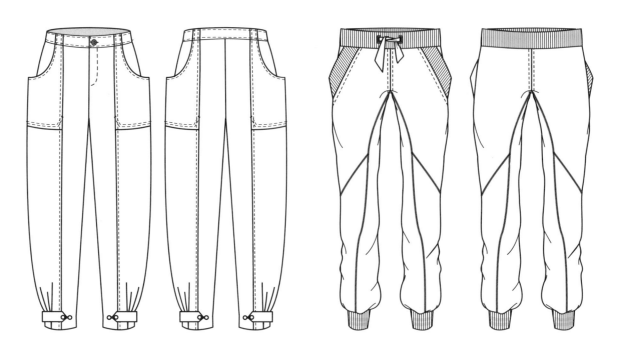

L型口袋收脚口灯笼裤　　　　　　　抽紧腰带收脚口分割类微垮长裤

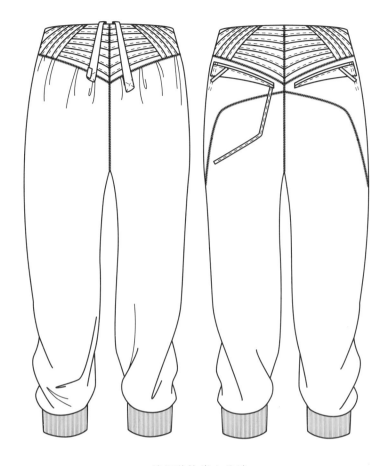

编织装饰类七分裤

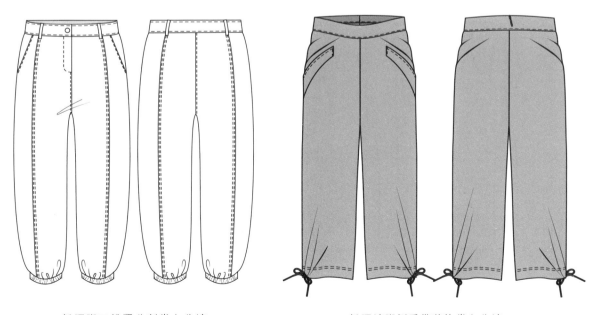

低腰脚口松紧分割类七分裤　　　　　　低腰裤脚侧系带装饰类七分裤

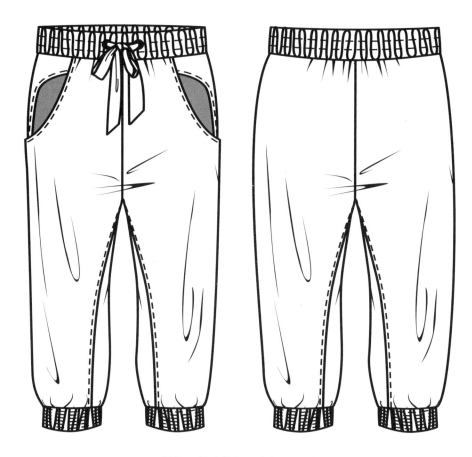

抽线分割贴袋收口宽松运动裤

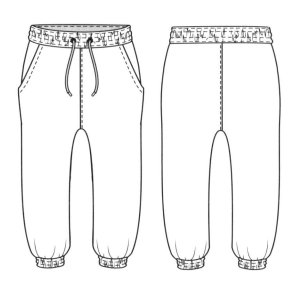

低腰腰部脚口松紧抽褶系带类七分裤

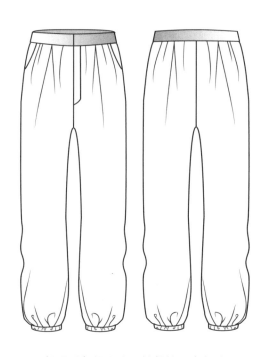

低腰腰部褶裥脚口松紧抽褶类长裤

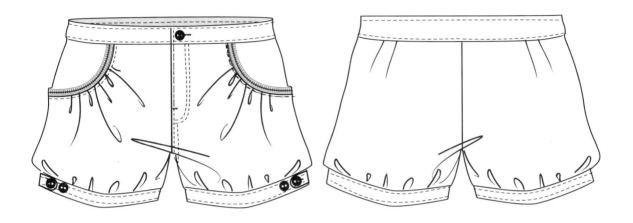

抽褶压线对称夏季热裤

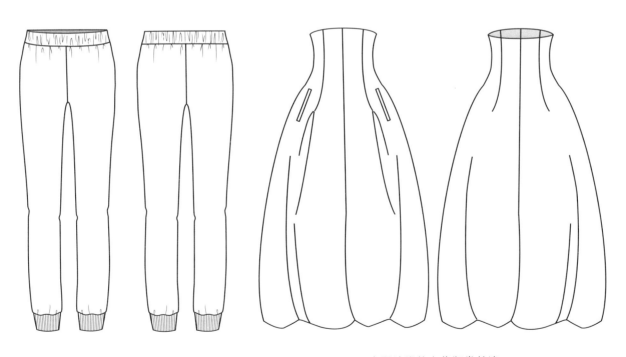

中腰腰部脚口松紧类长裤　　　　　　高腰裤脚放大花瓶类长裤

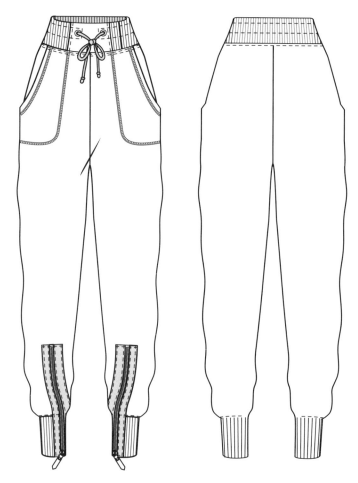

松紧垮裤

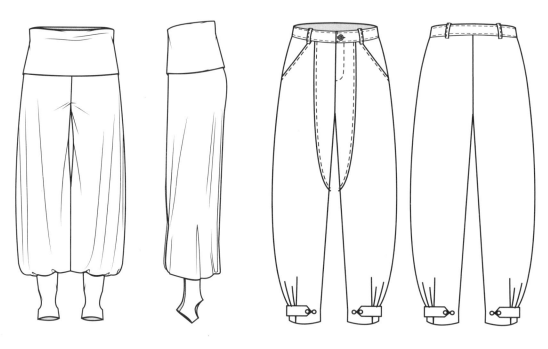

宽腰带连袜灯笼裤   弧线分割脚口搭襻装饰灯笼裤

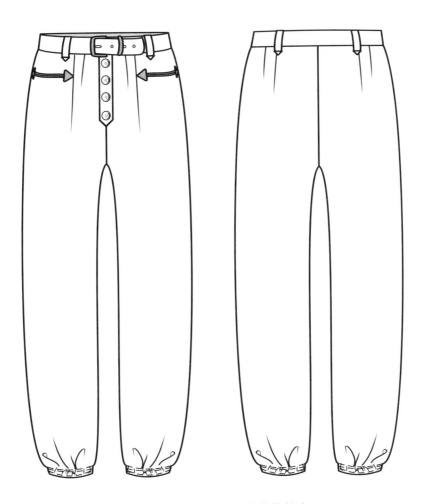

低腰脚口松紧门襟钮扣装饰类长裤

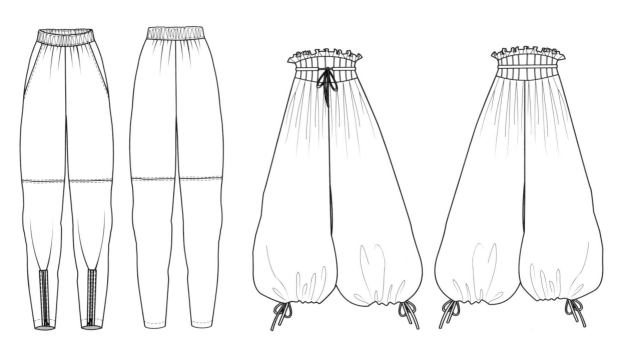

脚口拉链装饰萝卜裤　　　　　　高腰腰边花边褶裥脚口抽褶系带类萝卜裤

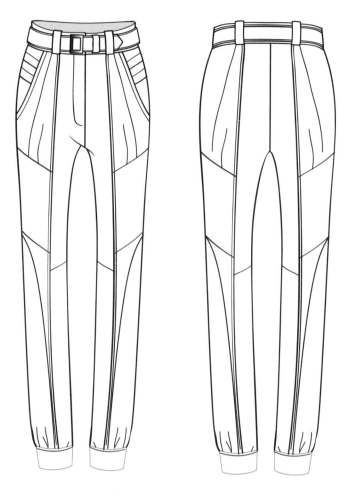

多分割脚口抽褶瘦腿裤

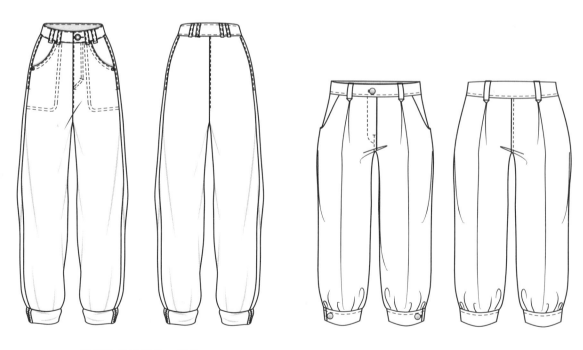

收腰拉链宽松收口长裤

收口打褶直筒短裤

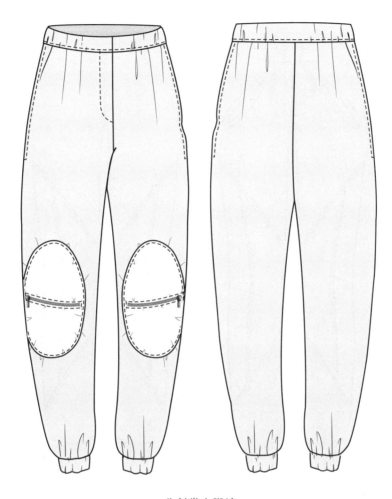

分割类小脚裤

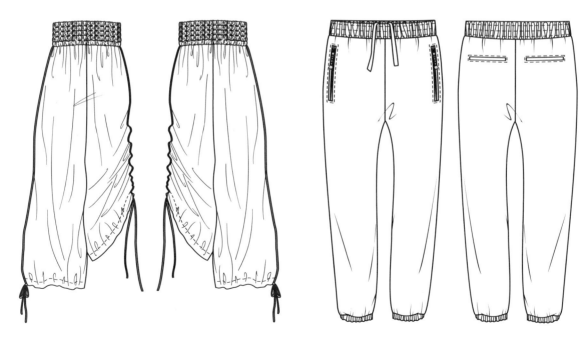

高腰抽褶宽松A字型阔腿长裤

收腰系带裤

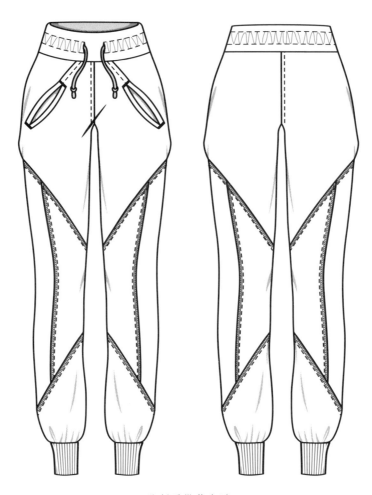

分割系带萝卜裤

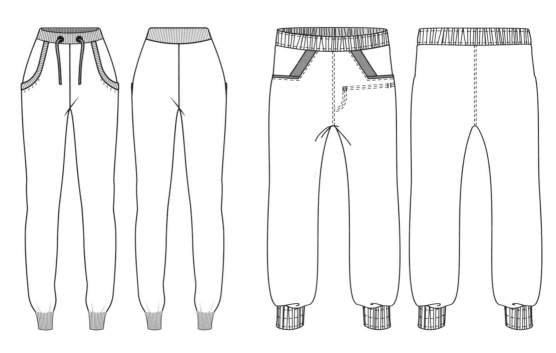

松紧抽带运动裤　　　　　松紧腰带宽松收口嘻哈长裤

高腰双装饰腰带哈伦裤

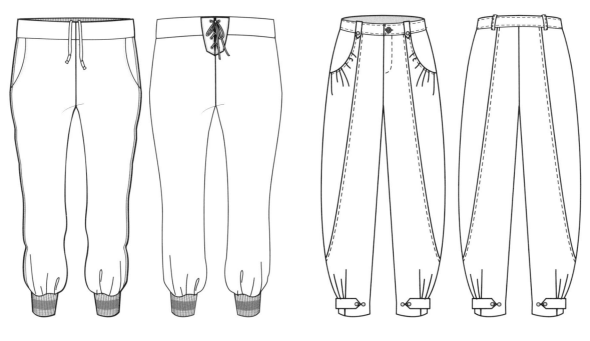

系带后腰装饰运动裤　　　　　　　　　　小碎褶口袋收脚口灯笼裤

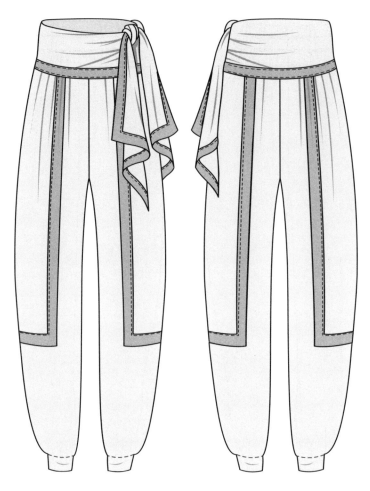

高腰系结分割类小脚裤

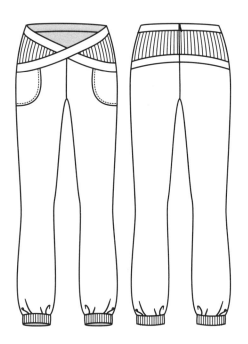

腰部交叉镶边小灯笼裤

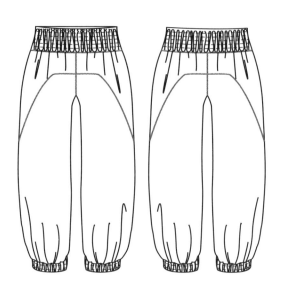

腰部裤脚松紧带褶皱类短裤

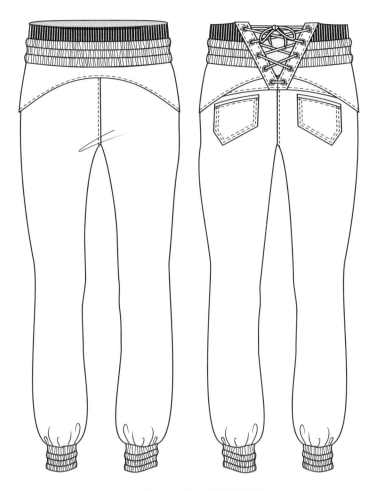

高腰系结腰部脚口松紧类长裤

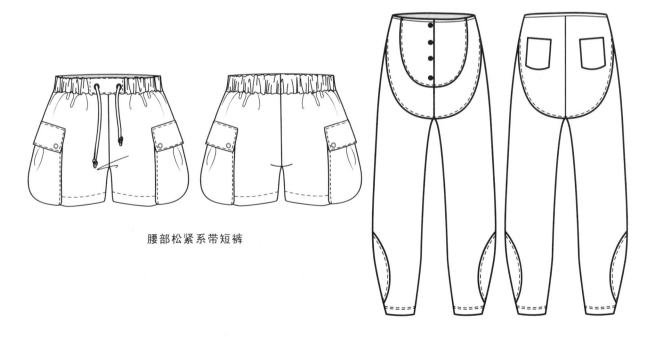

腰部松紧系带短裤

圆弧分割小灯笼裤

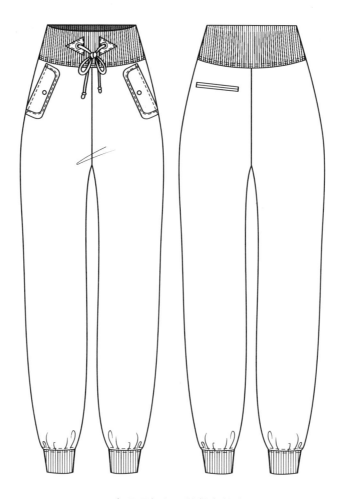

高腰腰部脚口松紧类长裤

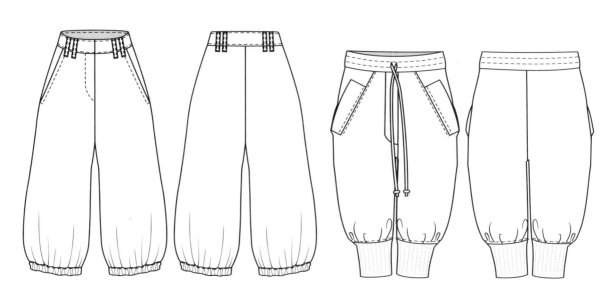

中腰脚口松紧抽皱八分裤　　　　　　　中腰系带脚口松紧类七分裤

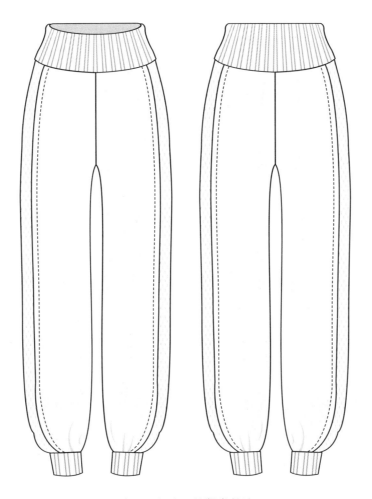

高腰腰部脚口松紧类长裤

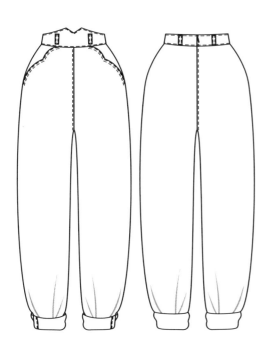

中腰腰部凹型裤腰脚口外翻类长裤

中腰腰部脚口局部松紧类七分裤

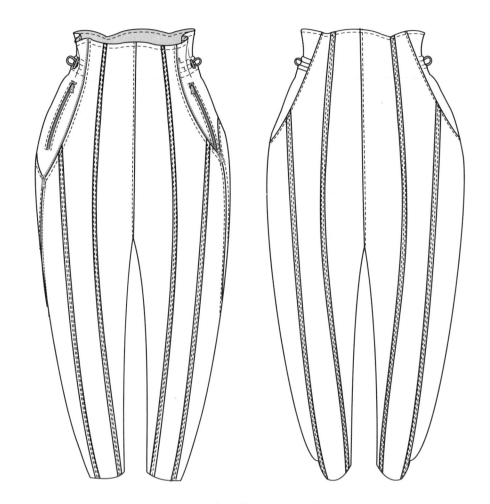

高腰腰部收紧口袋拉链装饰类萝卜裤

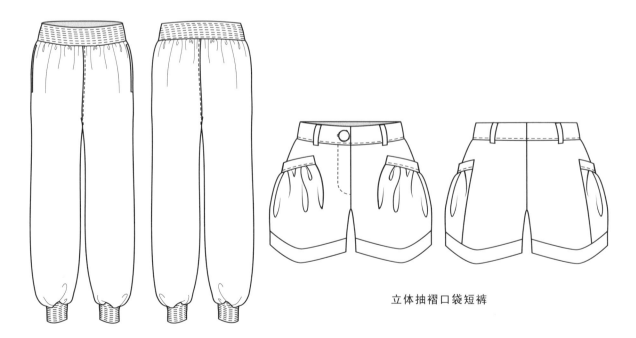

中腰腰部脚口松紧抽皱类小脚裤

立体抽褶口袋短裤

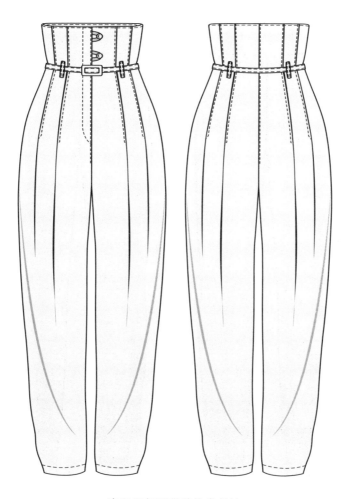

高腰腰部腰带装饰类长裤

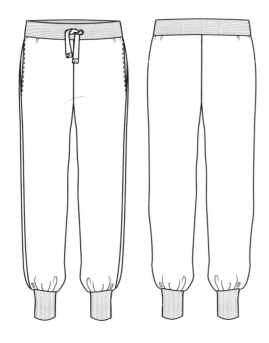

中腰腰部脚口松紧系带类长裤

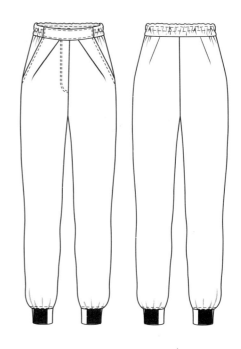

中腰腰部脚口松紧褶裥类长裤

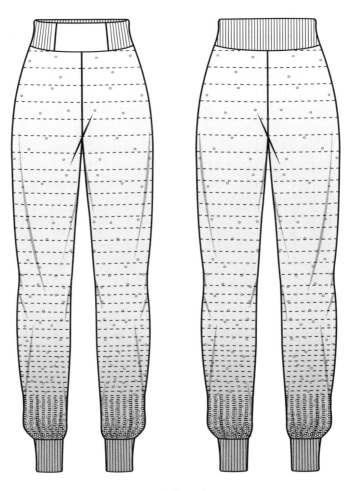

渐变高腰裤

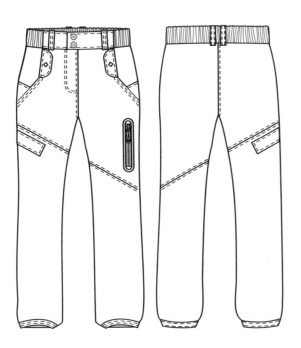

中腰腰部松紧分割脚口收小类长裤

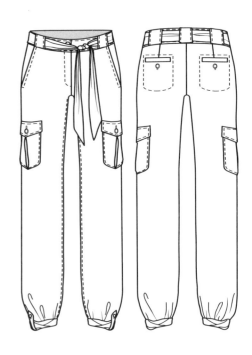

中腰腰部系带脚口外翻类长裤

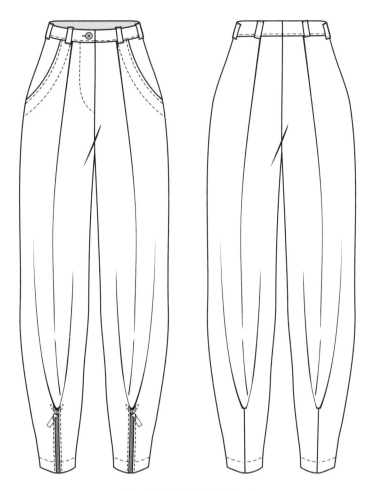

脚口拉链装饰插袋休闲裤

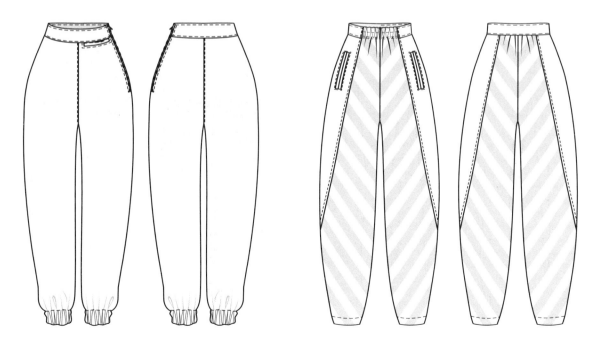

中腰腰侧拉链脚口松紧抽皱类长裤

中腰腰前抽皱分割类长裤

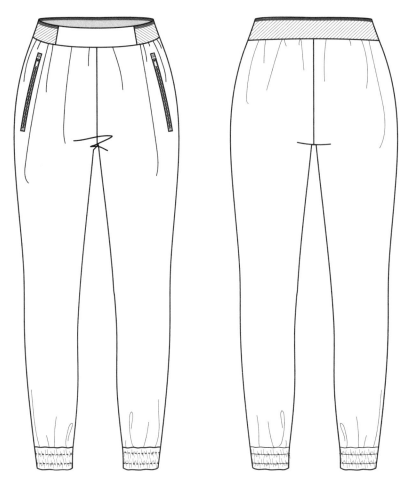

脚口松紧休闲长裤

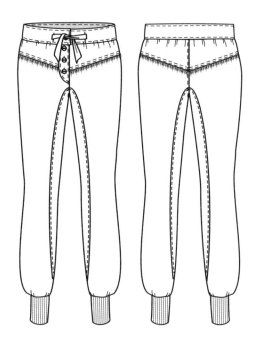

中腰育克抽褶压线收口长裤

中腰褶裥直筒类六分裤

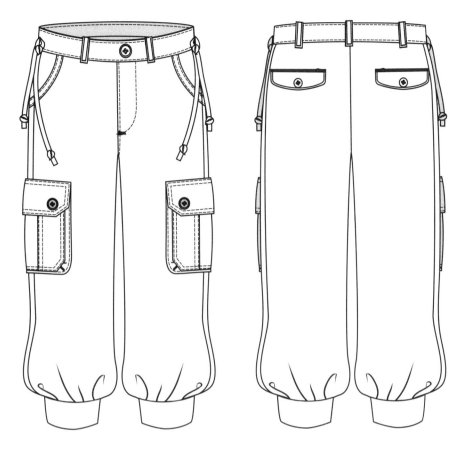

立体裤带大腿侧面装饰灯笼裤

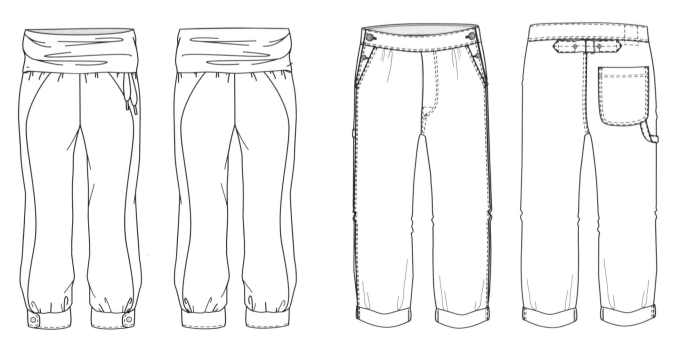

宽腰松紧分割收口九分裤

中腰褶皱脚口外翻类直筒七分裤

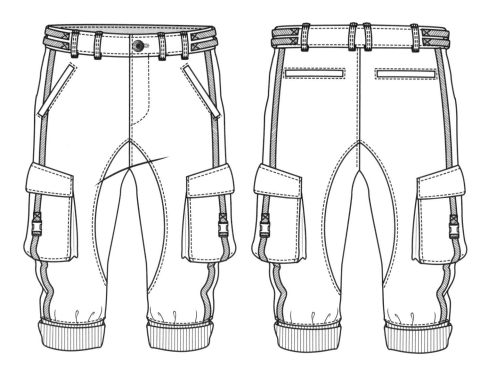

立体口袋大腿侧面装饰灯笼裤

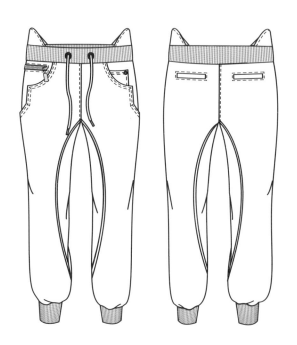

罗口腰部装饰裤

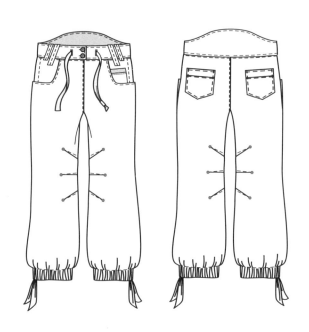

前低后高抽褶脚口分割压线长裤

运动垮裤

压线抽褶钮扣装饰南瓜型中裤

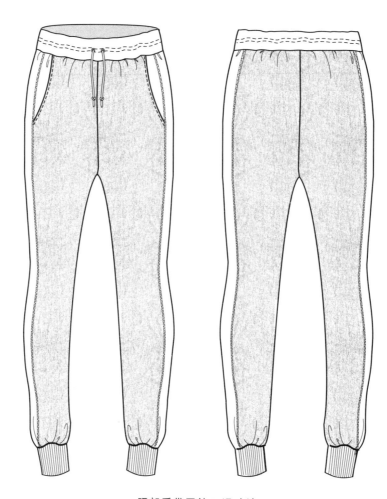

腰部系带罗纹口运动裤

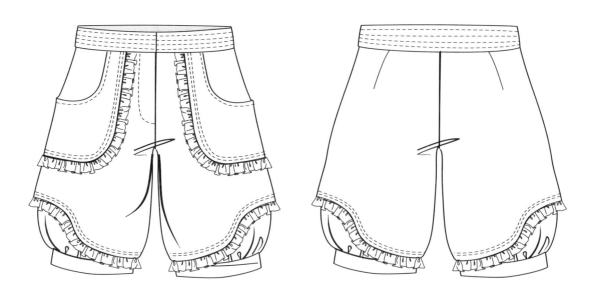

前低后高抽褶脚口分割压线短裤

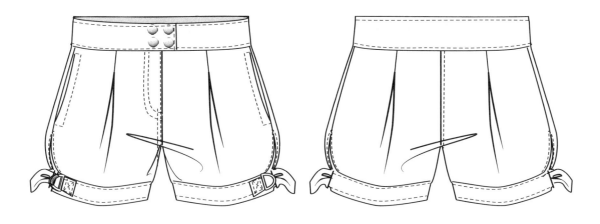

褶裥压线收口短裤

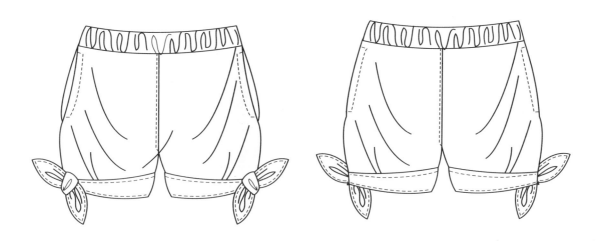

松紧腰带蝴蝶结收口短裤

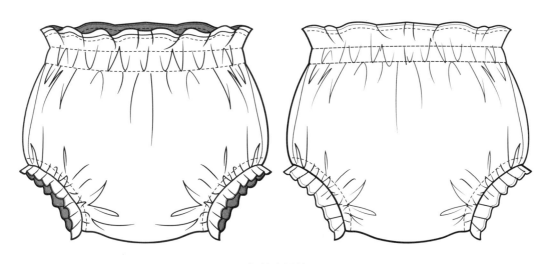

灯笼小短裤

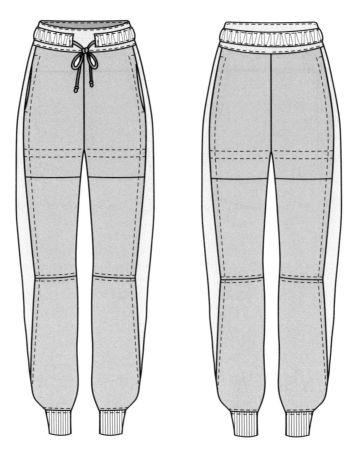

中腰腰部抽皱脚口松紧分割类长裤

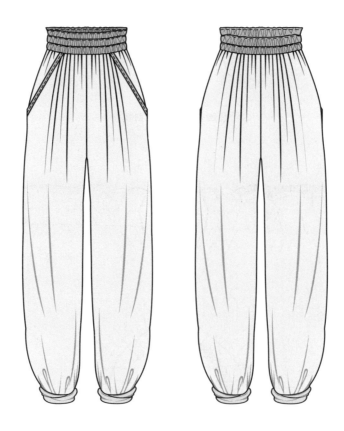

中腰腰部抽皱脚口外翻类长裤

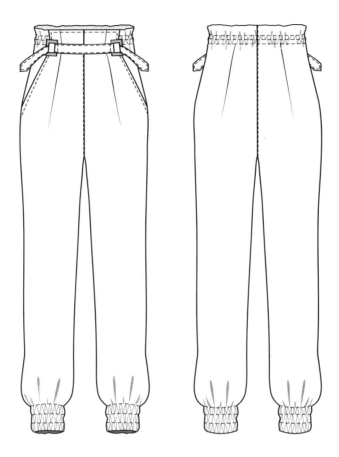

中腰腰部脚口抽皱系带类小脚裤

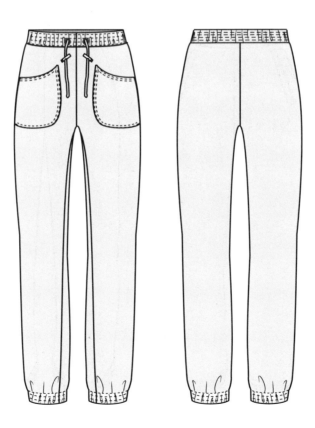

中腰腰部脚口松紧抽皱类长裤

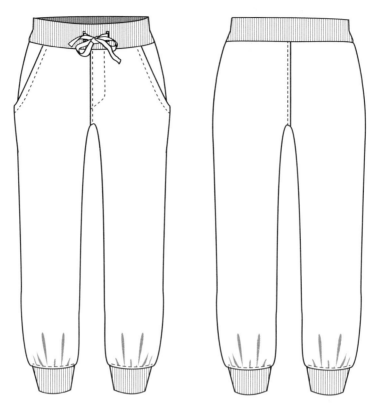

中腰腰部脚口松紧系带直筒类七分裤

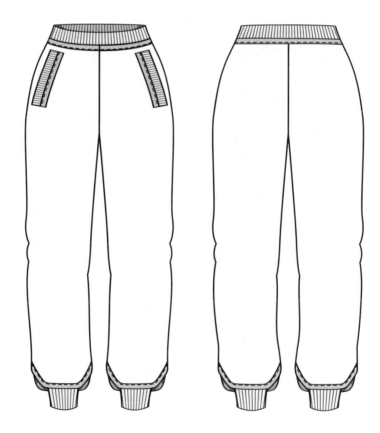

中腰腰部脚口松紧直筒类长裤

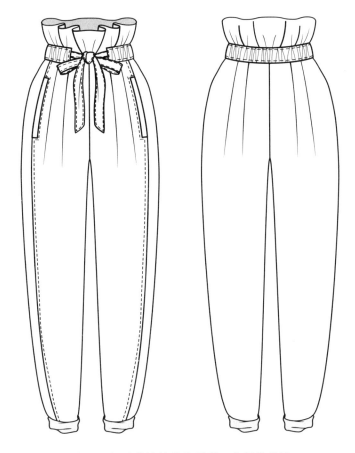

中腰腰部系带抽皱花边形脚口外翻类长裤

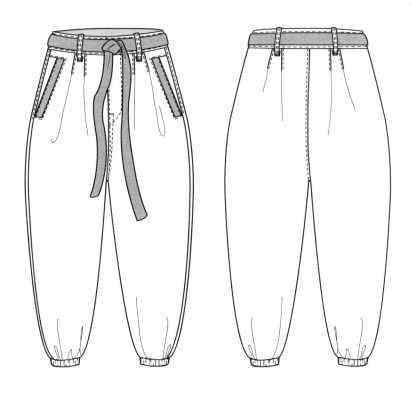

中腰腰部褶裥系带脚口松紧类九分裤

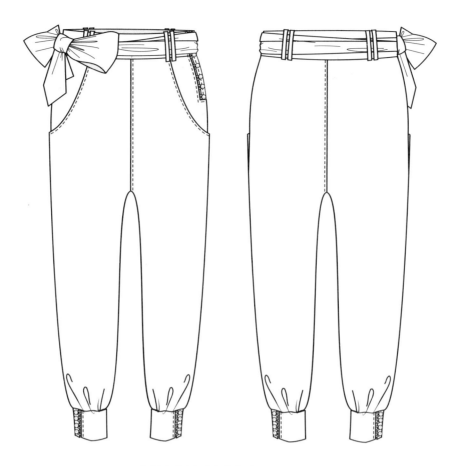

中腰左右不对称装饰类七分小脚裤

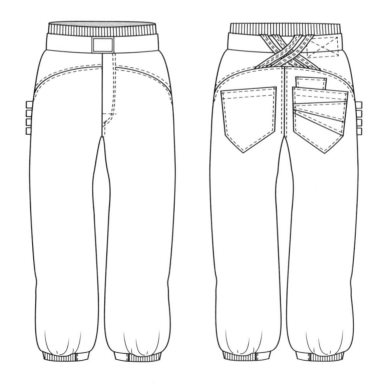

中腰脚口松紧类七分裤

第三章

款式图设计
（哈伦裤）

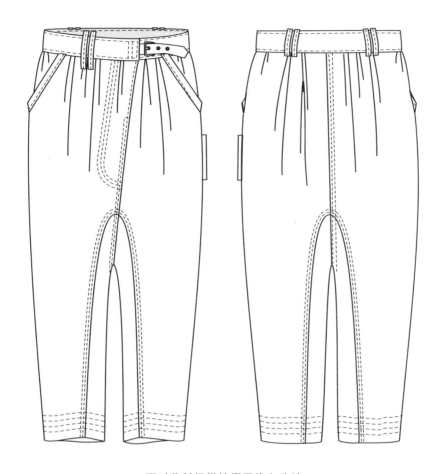

不对称斜门襟抽褶压线七分裤

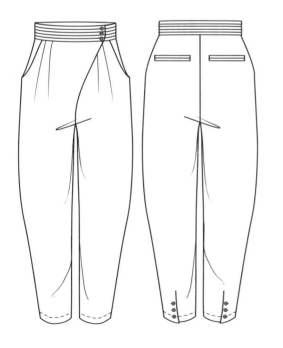

O型腰部装饰裤

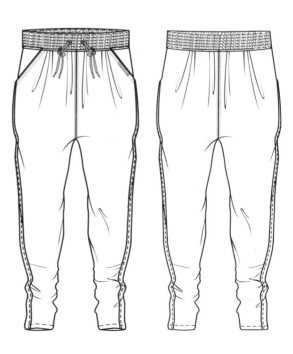

抽带褶裥贴边运动裤

抽褶包腰六分垮裤

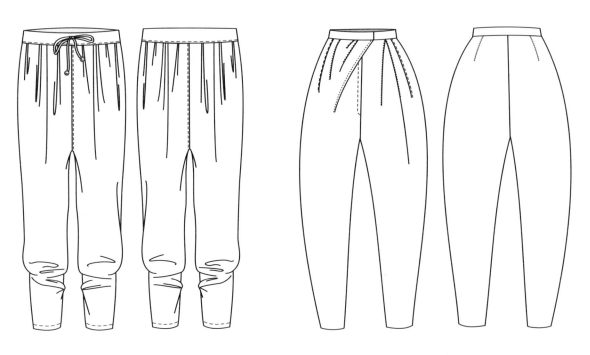

抽线宽松收腿长裤

低腰不规则收省类灯笼裤

抽褶带襻裤

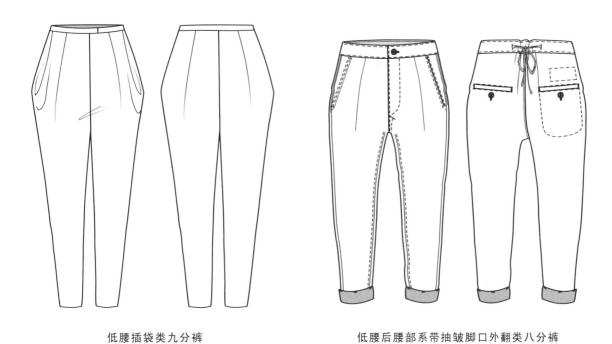

低腰插袋类九分裤　　　　　　　低腰后腰部系带抽皱脚口外翻类八分裤

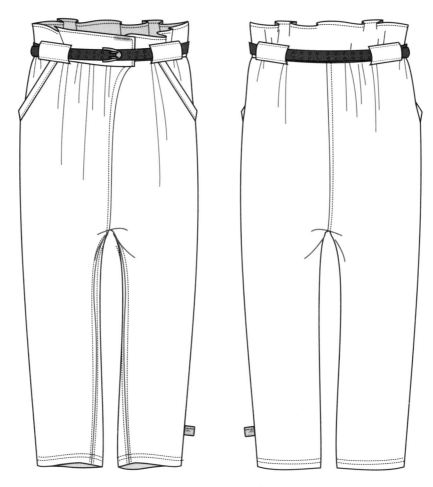

低裆系腰带军装裤

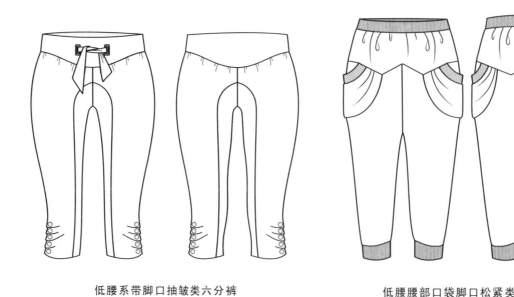

低腰系带脚口抽皱类六分裤

低腰腰部口袋脚口松紧类七分裤

低腰插袋腰部抽皱类九分裤

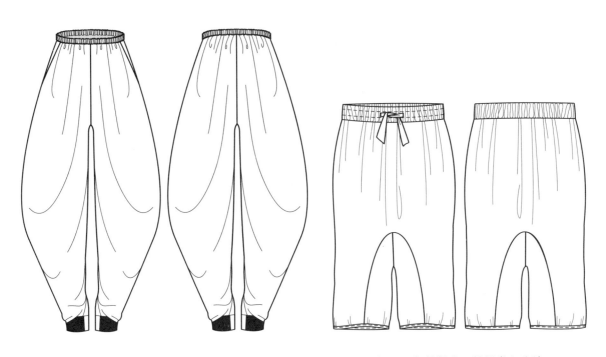

低腰腰部松紧抽皱类萝卜裤

低腰腰部松紧脚口抽褶类六分裤

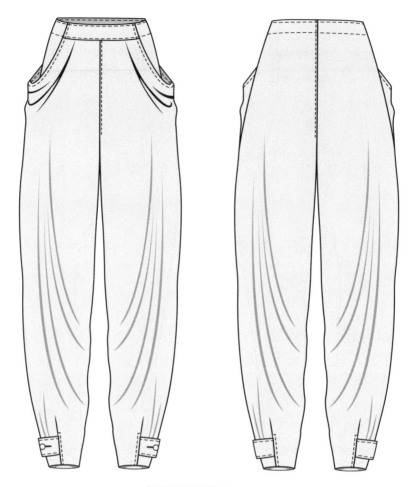

低腰裤脚襻带类小脚裤

低腰腰部腰带抽皱类小脚裤   低腰褶裥类七分裤

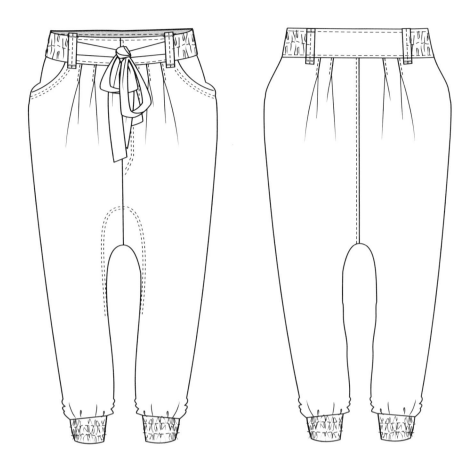

低腰腰部脚口松紧褶裥类七分裤

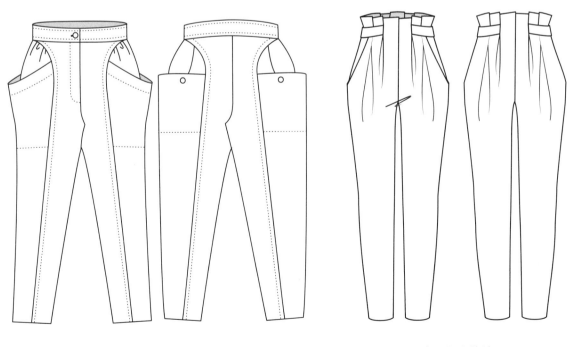

胯部立体口袋T型裤

高腰褶裥垮裤

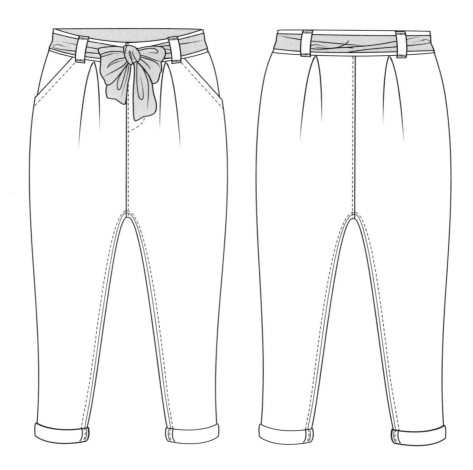

低腰腰部系结褶裥类七分裤

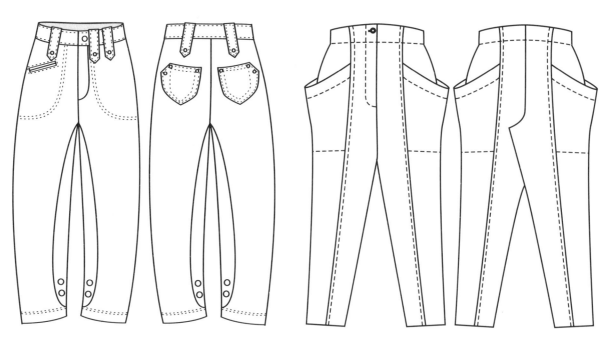

弧线分割个性裤　　　　　　　　胯部立体口袋直线分割T型裤

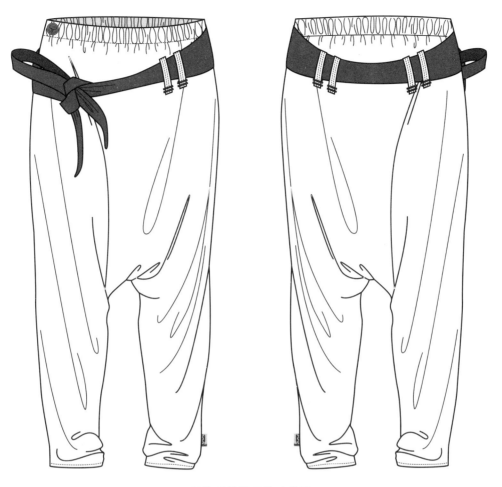

低档系松紧腰带哈伦裤

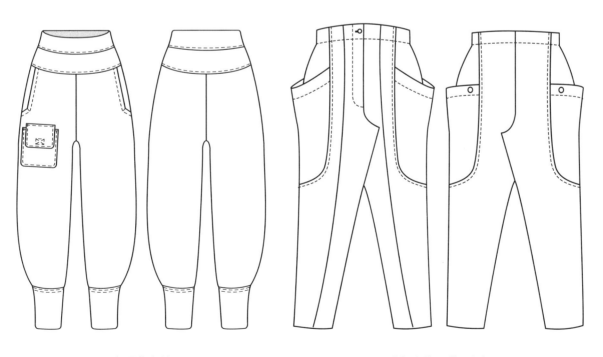

高腰萝卜裤

胯部立体口袋T型裤

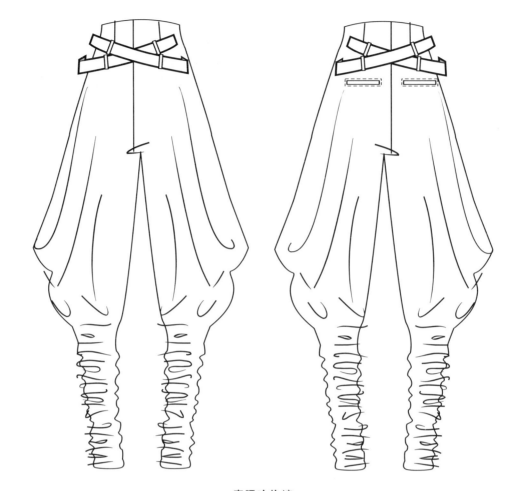

高腰哈伦裤

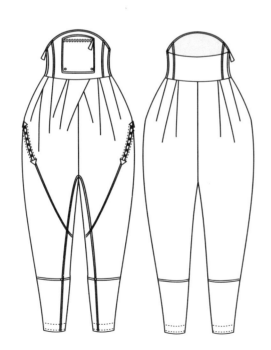

腰部褶皱分割类萝卜裤

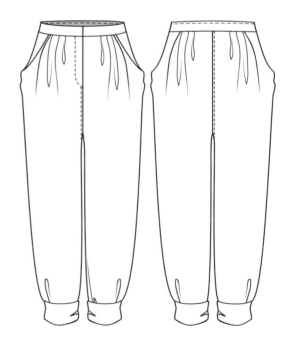

中腰插袋小脚哈伦裤

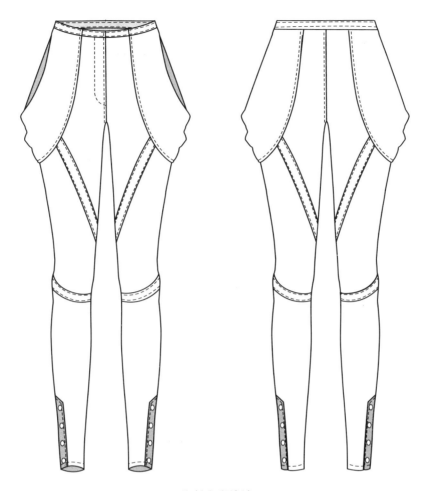

分割小脚垮裤

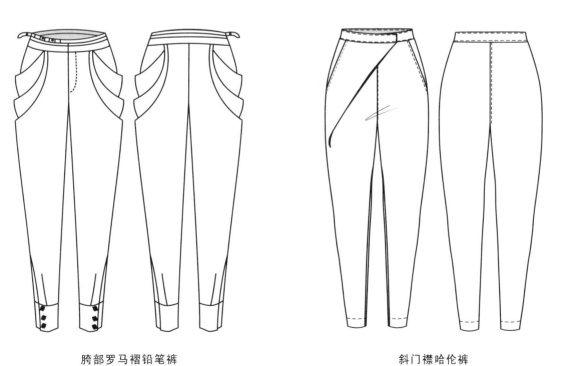

胯部罗马褶铅笔裤   斜门襟哈伦裤

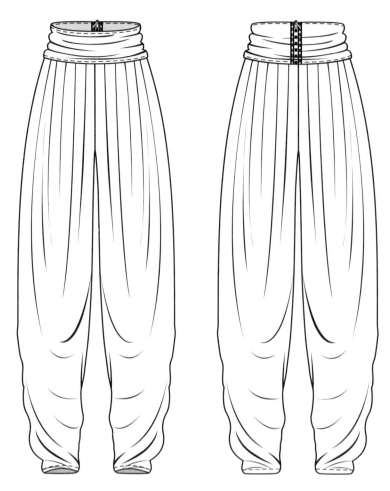

高腰后中拉链小脚裤

中腰开边跨袋宽松卷边长裤

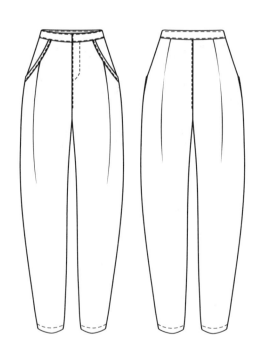

中腰萝卜小脚裤

中腰门襟不规则类长裤

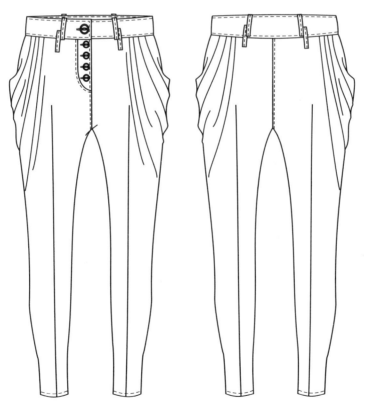

哈伦裤

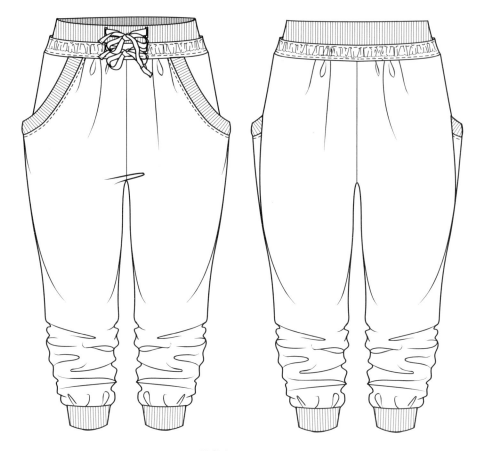

松紧抽线七分裤

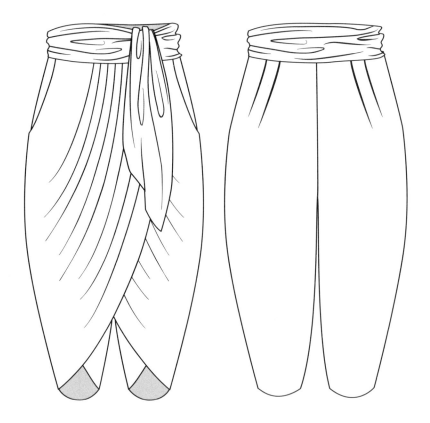

系带对称褶裥宽松七分垮裤

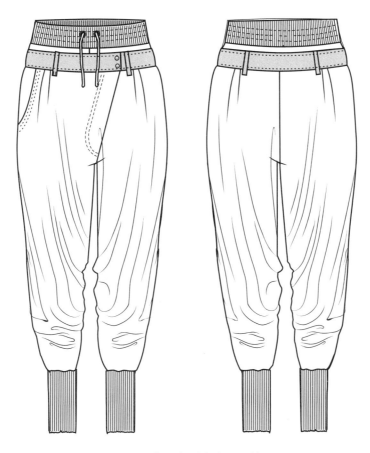

斜裆松紧腰部系小脚罗口裤

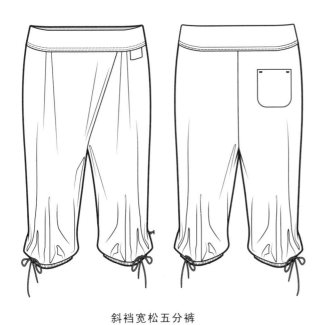

斜裆宽松五分裤

斜门襟不对称压线抽褶垮裤

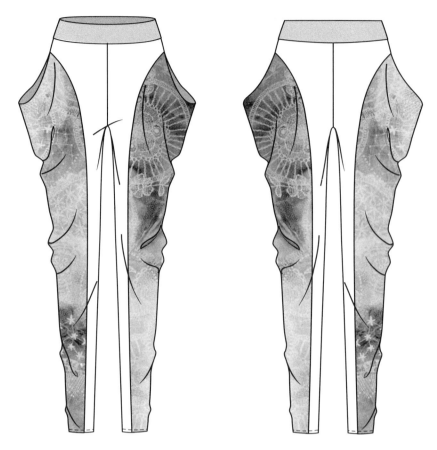

中腰宽松垮裤

中腰抽褶宽松垮裤长裤　　　　　　　　　　中腰分割类长裤

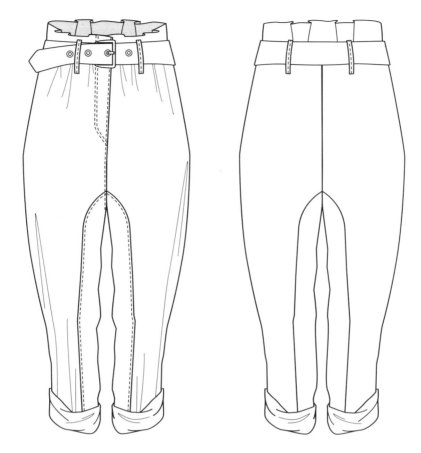

中腰系腰带抽褶脚口外翻类萝卜裤

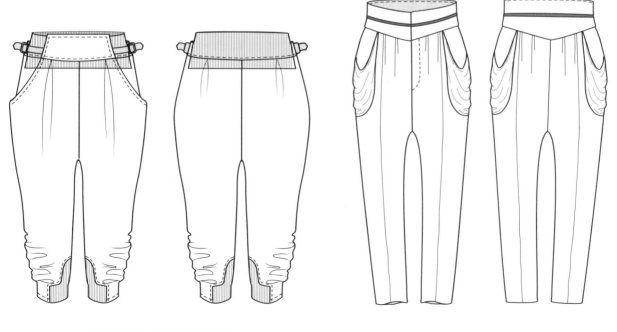

中腰腰部脚口松紧类七分裤

中腰褶裥贴松袋类九分裤

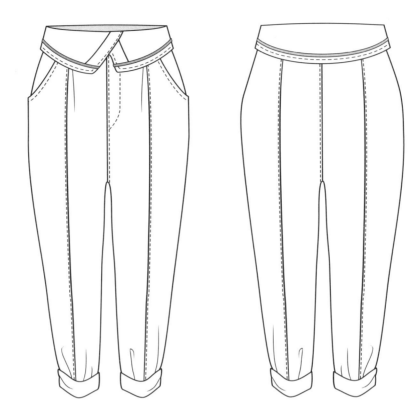

中腰腰部脚口外翻类七分裤

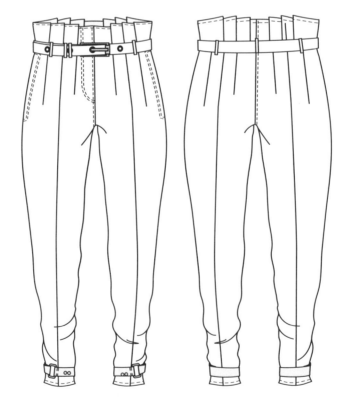

中腰褶裥花苞长裤

第四章

款式图设计
（紧身裤）

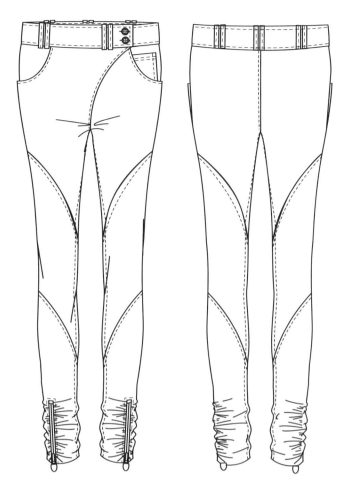

不对称门襟斜边弧线分割抽线脚口长裤

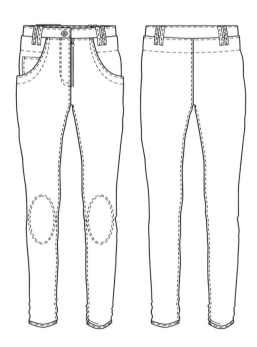

补丁牛仔裤

不规则抽褶腰间系结紧身类长裤

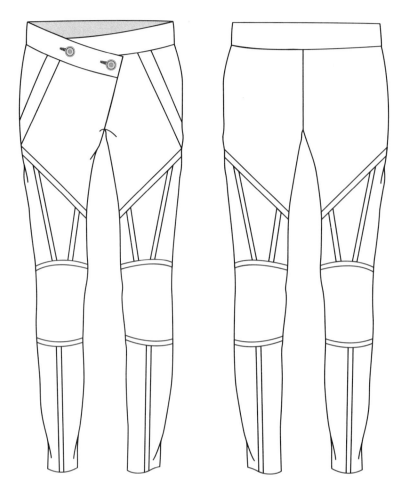

不对称斜门襟直线分割拼接长裤

侧片分割装饰裤

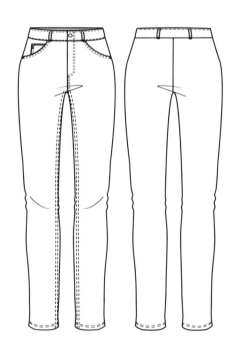

插袋修身牛仔裤

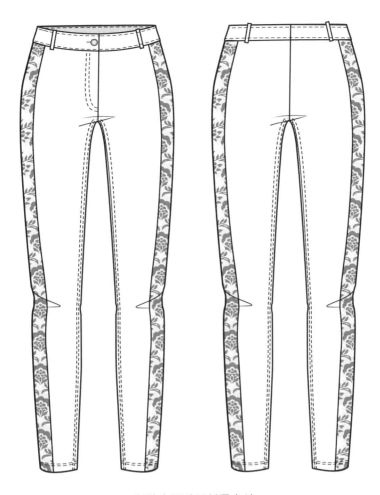

侧缝夹两种面料紧身裤

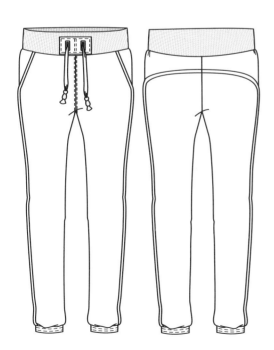

抽带收口包边运动休闲裤

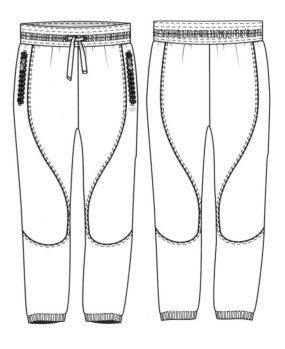

抽带压线分割收口长款运动休闲裤

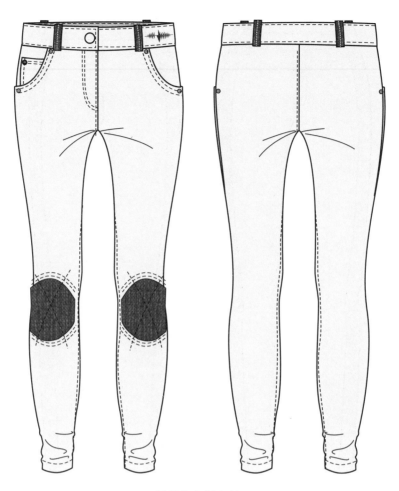

插袋牛仔紧身裤

抽线侧边包缝压线紧身六分裤

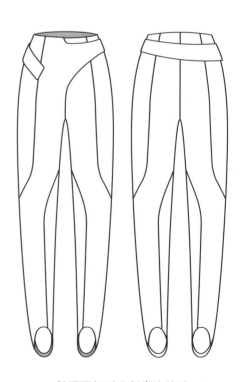

低腰不规则分割类连袜裤

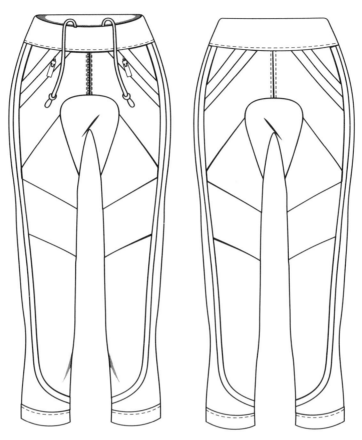

抽线腰带个性分割拼接运动七分裤

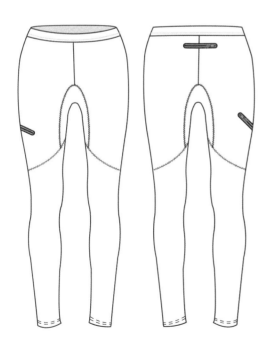

低腰分割类紧身裤

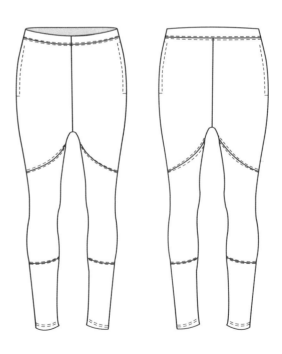

低腰分割类紧身裤

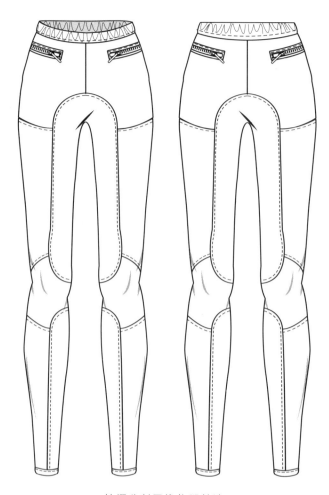

抽褶分割压线收腿长裤

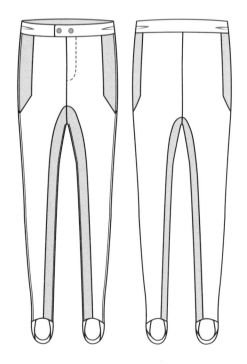

低腰分割类连袜裤

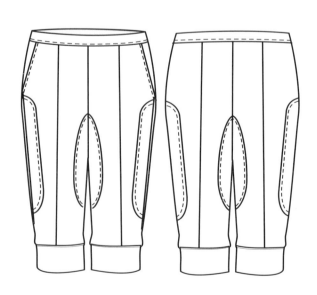

低腰分割类七分裤

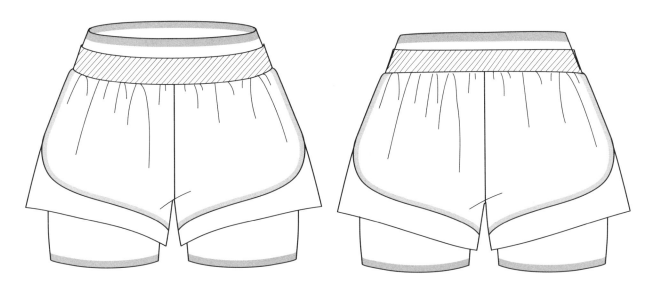

抽褶假两件女士运动短裤

低腰分割类小脚裤

低腰脚口堆褶分割类长裤

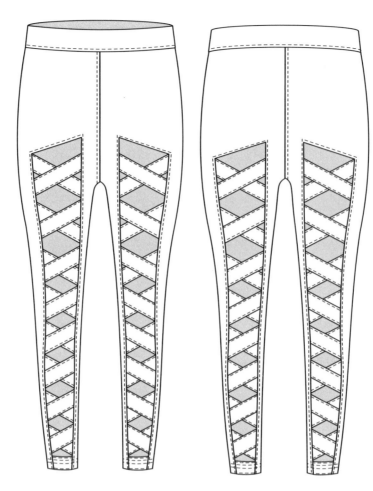

低腰绑带装饰类长裤

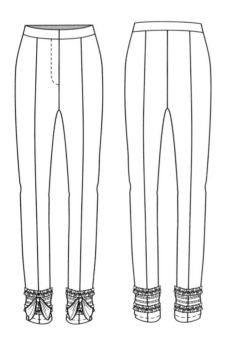

低腰脚口花边系带装饰类长裤

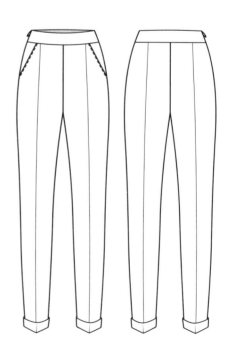

低腰脚口外翻腰侧拉链装饰类长裤

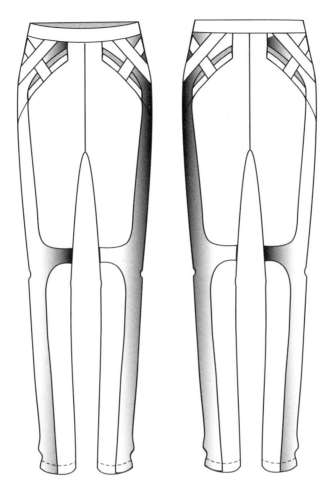

低腰分割类小脚裤

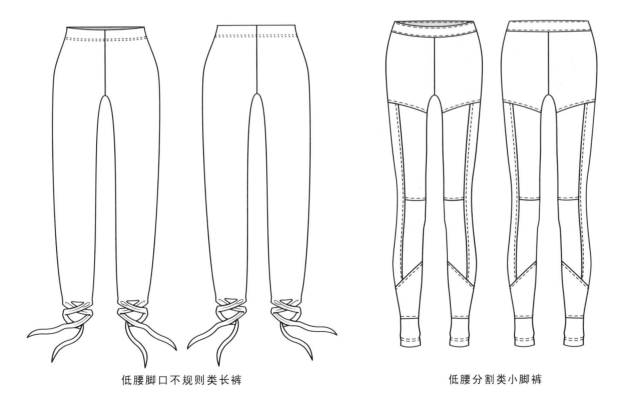

低腰脚口不规则类长裤

低腰分割类小脚裤

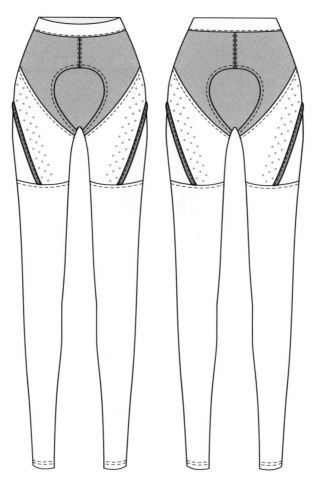

低腰分割类小脚裤

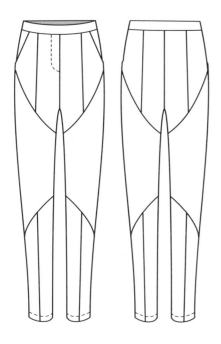

低腰分割类长裤

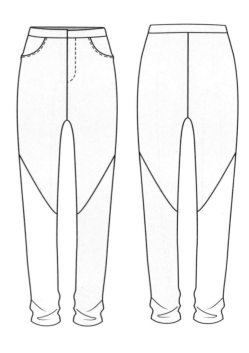

低腰分割类长裤

低腰脚口开衩直筒类长裤

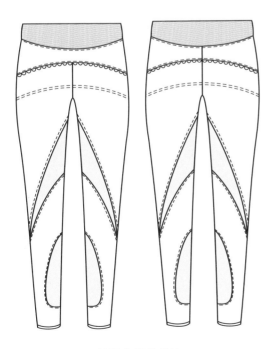

低腰分割类长裤

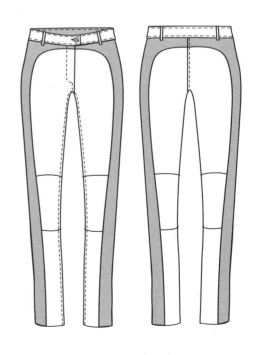

低腰分割类长裤

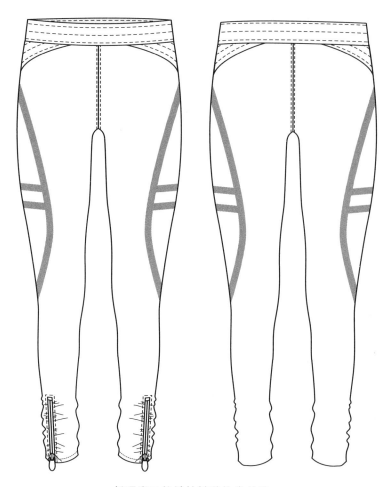

低腰脚口拉链抽皱装饰类长裤

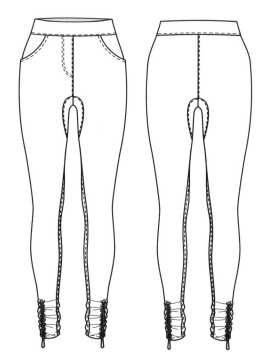

低腰脚口拉链装饰紧身类长裤

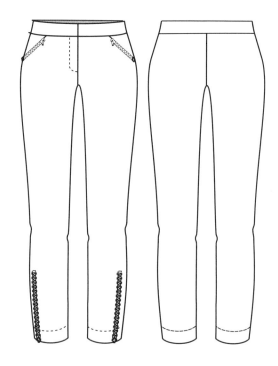

低腰脚口拉链装饰紧身类长裤

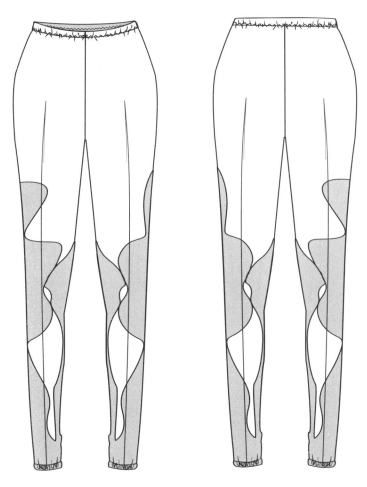

低腰腰部脚口抽皱类小脚裤

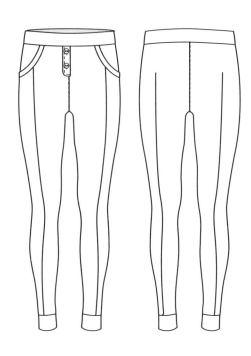

低腰紧身小脚裤

低腰紧身小脚裤

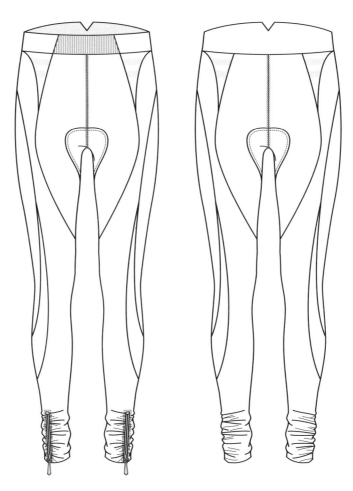

对称分割抽线脚口运动紧身裤

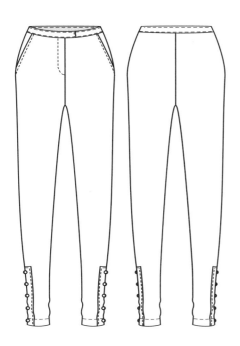

低腰裤腿钮扣装饰类小脚裤

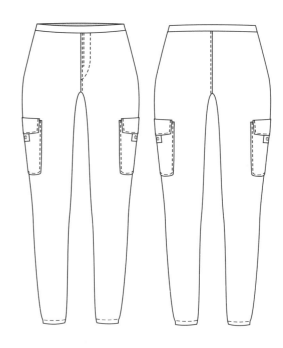

低腰裤腿贴袋类长裤

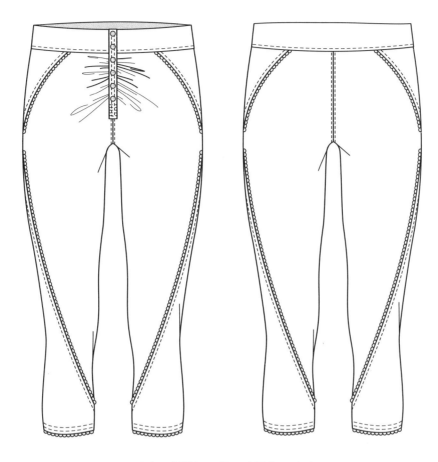

对称分割抽褶压线运动紧身六分裤

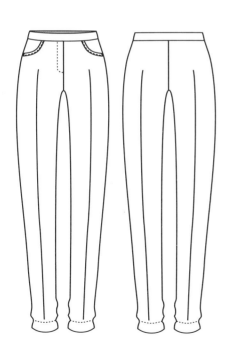

低腰类小脚裤

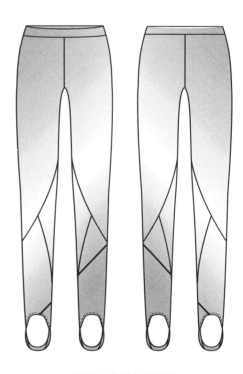

低腰连袜分割类长裤

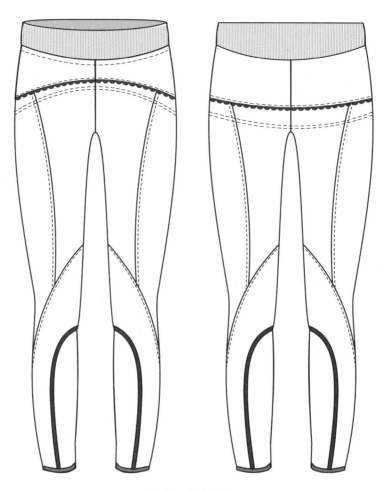

多分割类骑行裤

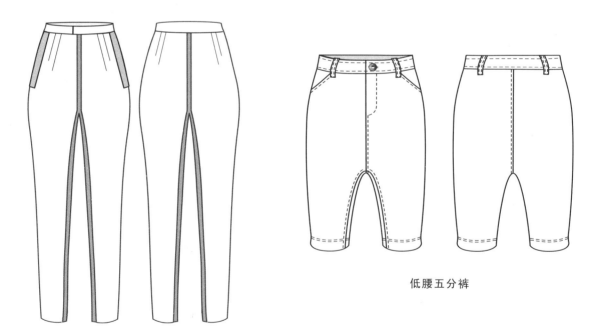

低腰萝卜裤

低腰五分裤

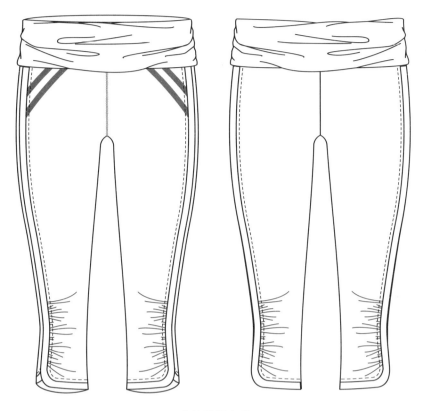

分割抽褶中裤

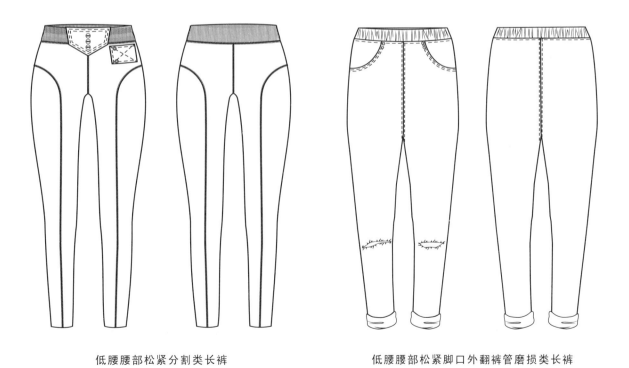

低腰腰部松紧分割类长裤　　　　　　低腰腰部松紧脚口外翻裤管磨损类长裤

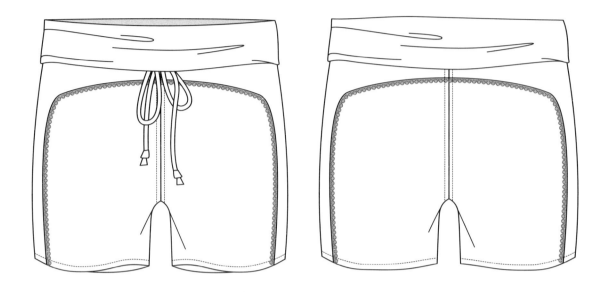

分割花边抽带运动中裤

低腰腰间系带分割类六分裤

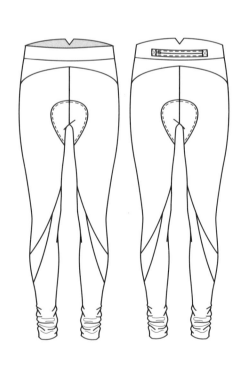

对称分割弧形拉链腰带长款运动裤

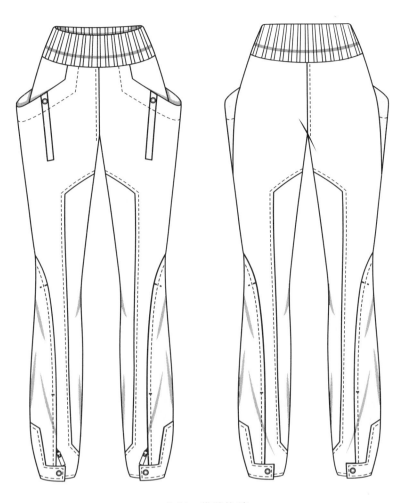

分割口袋装饰裤

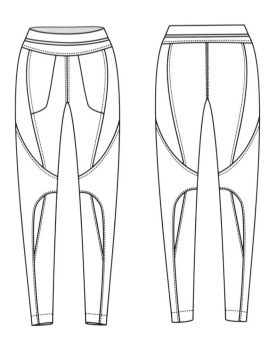

多分割类骑行裤

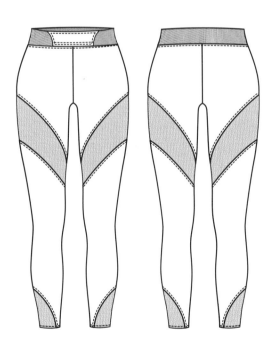

分割紧身类中长裤

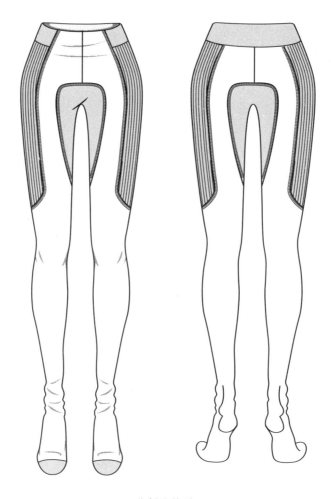

分割连体裤

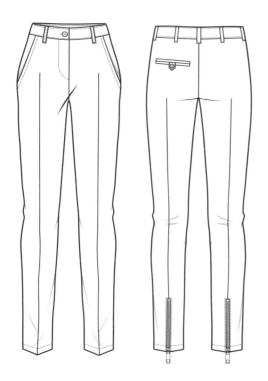

分割拉链脚口装饰休闲裤

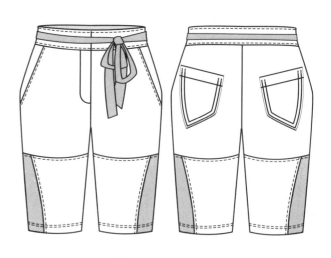

分割拼色腰部系带合体裤

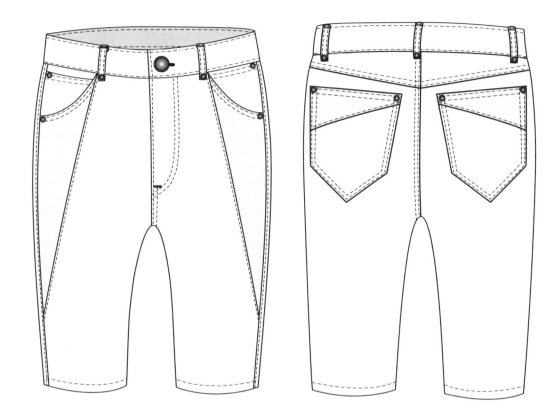

分割拼色中裤

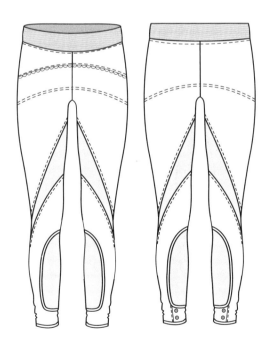

分割压线补丁运动裤

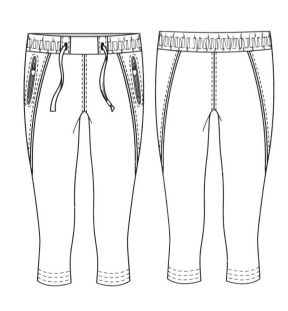

分割压线抽线休闲六分裤

分割压线抽线口袋六分裤

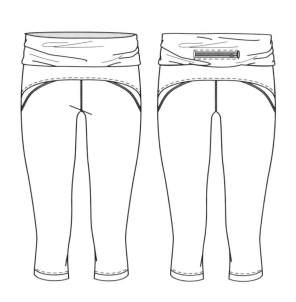

分割压线六分运动裤

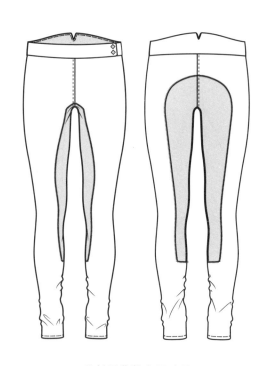

分割腰节紧身运动裤

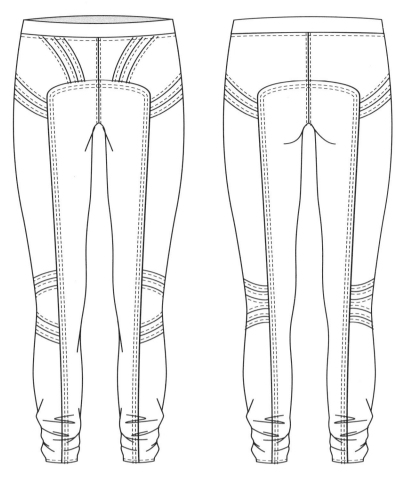

分割压线拼接运动长裤

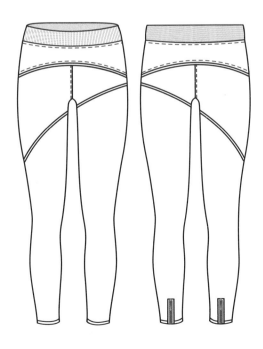

分割类运动长裤

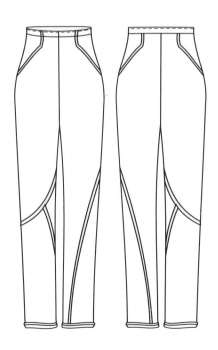

高腰分割类长裤

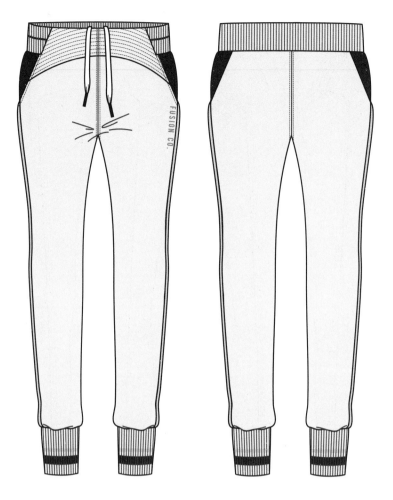

系带装饰运动裤

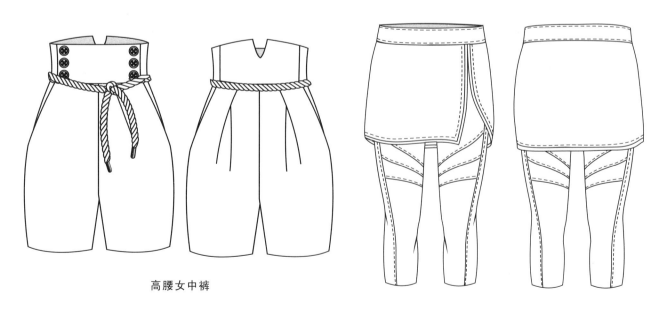

高腰女中裤

假两件分割运动七分裤

分割类直筒七分裤

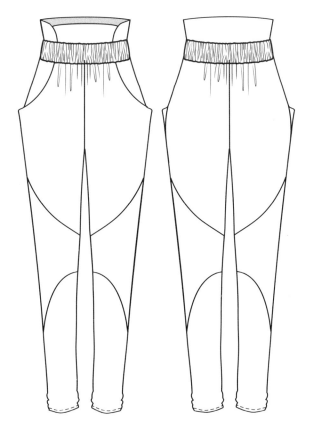

高腰腰部松紧抽皱类小脚裤

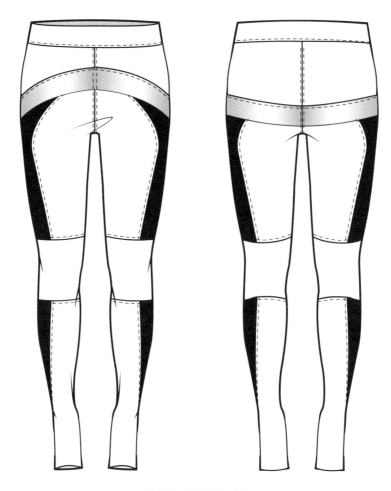

分割装饰高腰运动裤

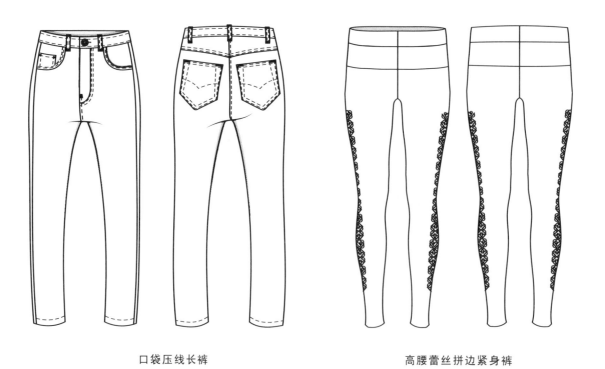

口袋压线长裤

高腰蕾丝拼边紧身裤

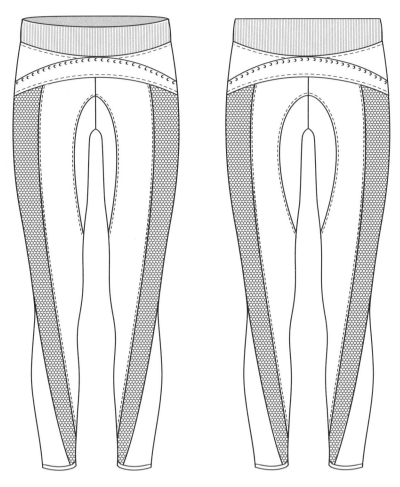

分割装饰网纱运动裤

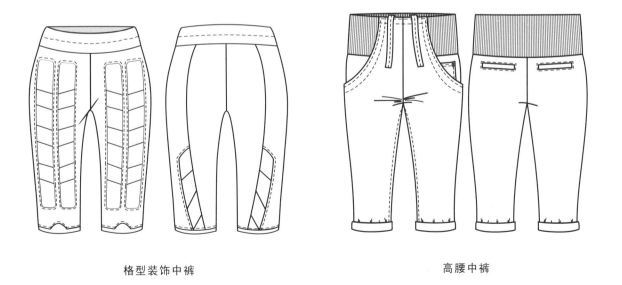

格型装饰中裤　　　　　　　　高腰中裤

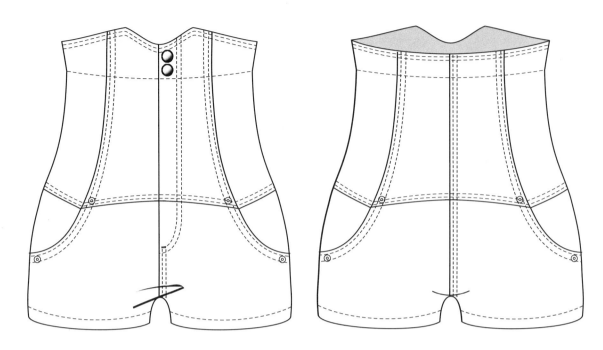

高腰弧线分割短裤

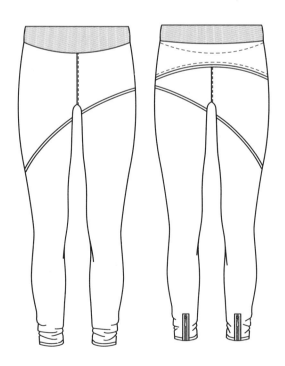

简洁分割抽褶运动裤

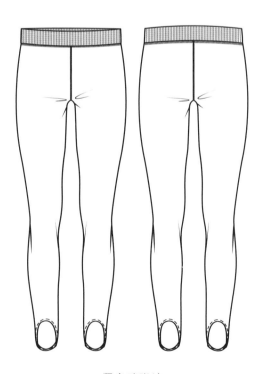

紧身踏脚裤

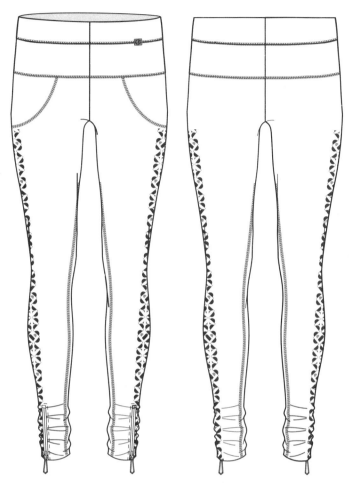

高腰简洁花边脚口抽褶长裤

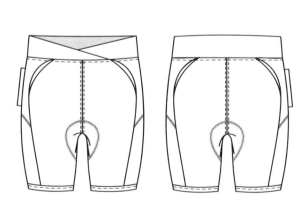

交叠腰带分割压线运动中裤

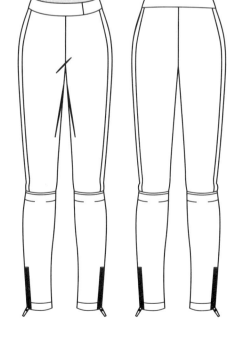

拉链装饰牛仔裤

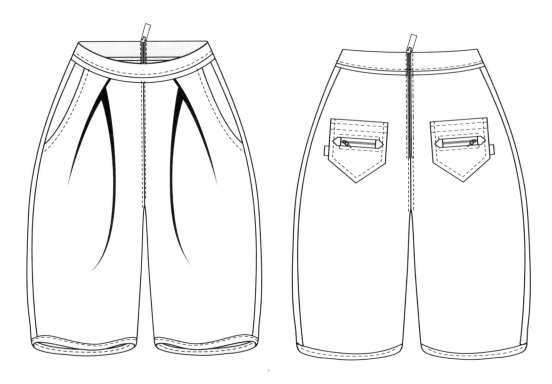

工字褶女中裤

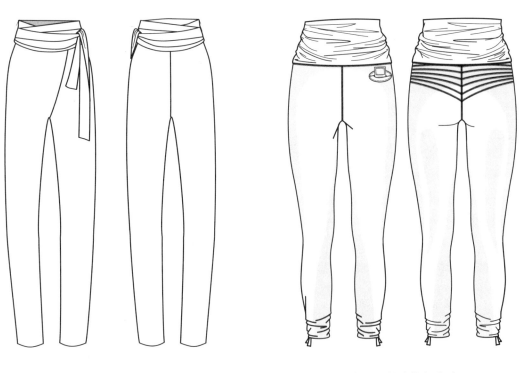

高腰腰部系带长裤

宽腰分割装饰打底裤

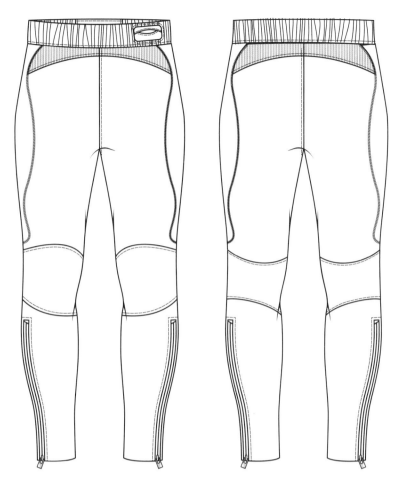

护膝式带拉链紧身中长裤

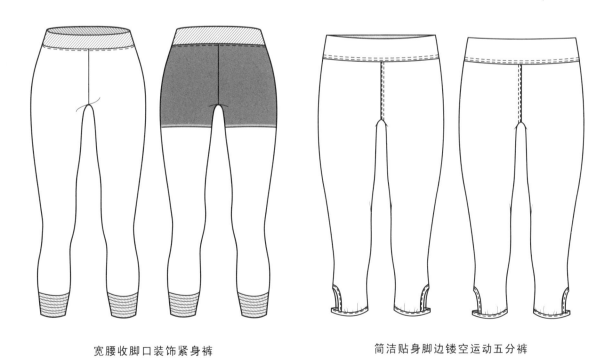

宽腰收脚口装饰紧身裤　　　　　　简洁贴身脚边镂空运动五分裤

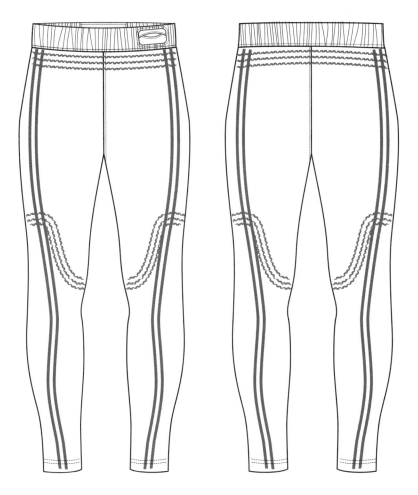

花式线装饰紧身中长裤

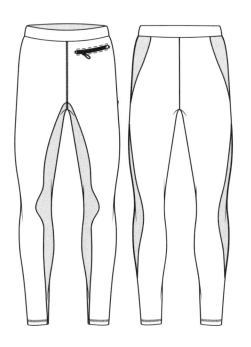

曲线分割运动裤

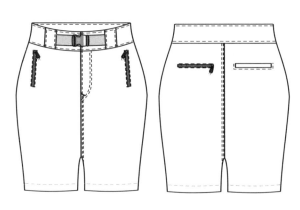

中腰腰前有腰带拉链口袋四分裤

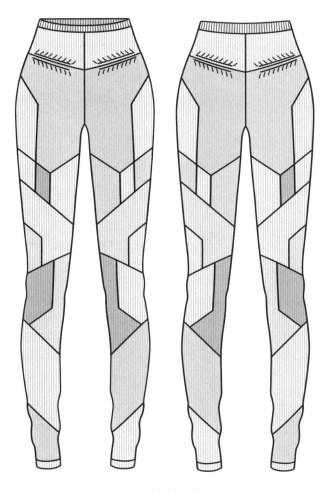

灰色条纹长裤

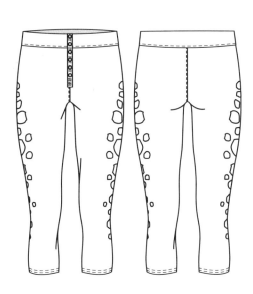

钮扣门襟石头花纹运动七分裤

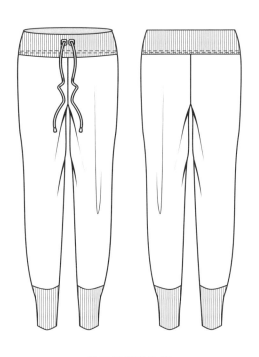

收口系带运动裤

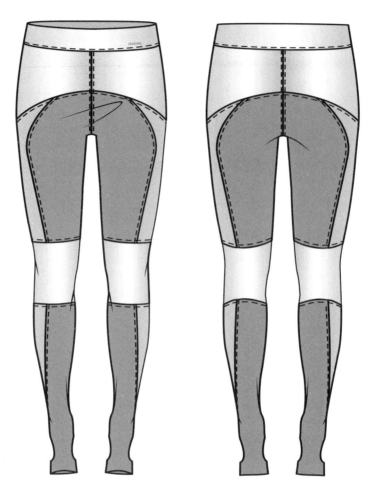

简洁分割紧身中腰运动裤

前后挖袋宽腰带运动短裤

松紧腰带压线运动短裤

系扣高腰拉链口袋装饰紧身裤

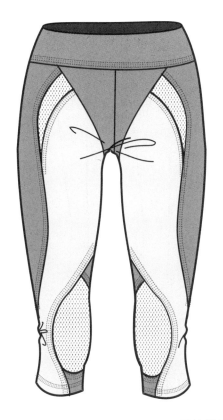
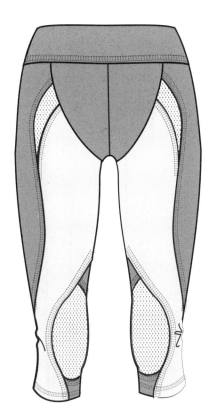

网纱拼接运动裤

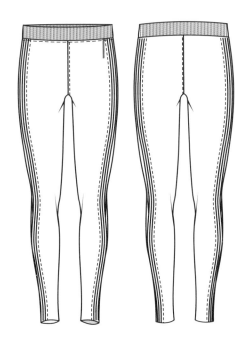

休闲运动裤

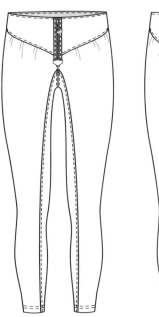
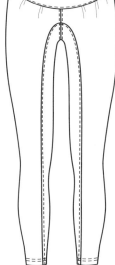

腰部抽褶九分裤

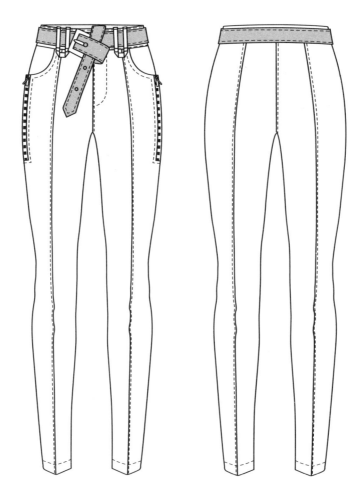

紧身裤

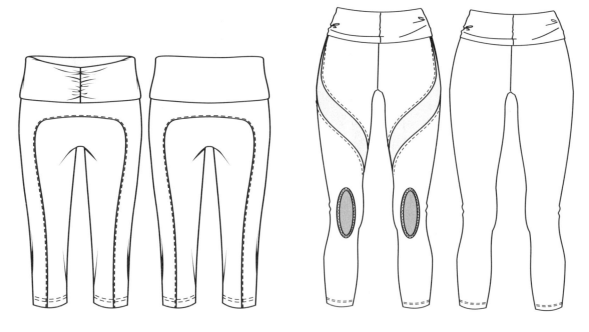

腰部抽褶中裤　　　　　　　腰部褶皱分割紧身类中长裤

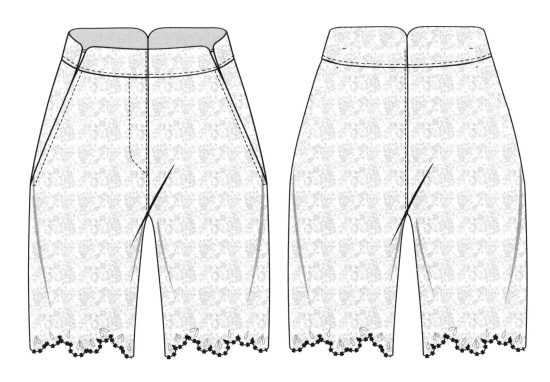

蕾丝个性分割贴边裤腿中裤

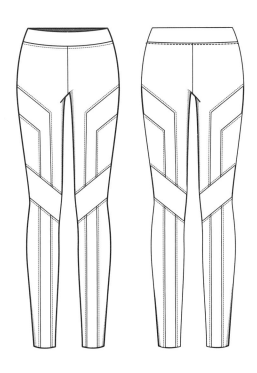

折线分割紧身类长裤

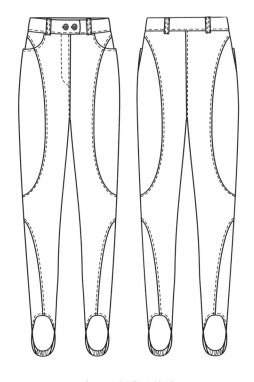

中腰分割类连袜裤

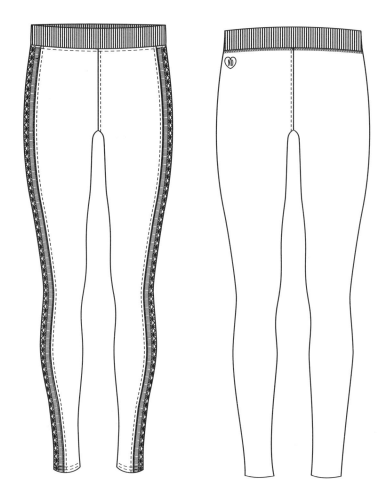

蕾丝拼边紧身裤

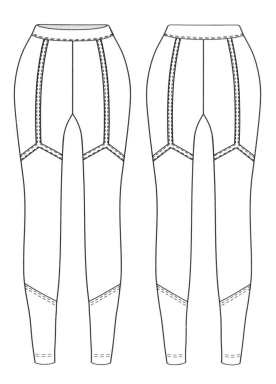

中腰分割类小脚裤

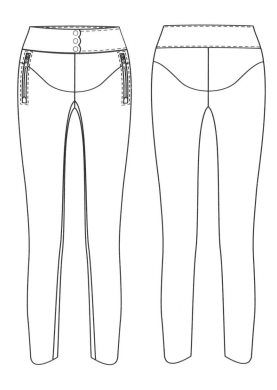

中腰分割类长裤

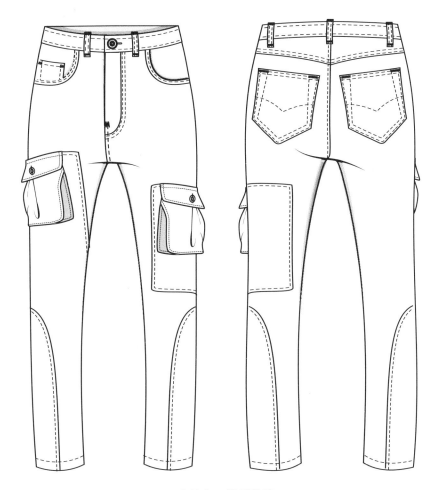

立体多口袋压线裤

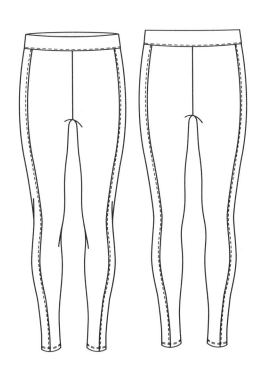

中腰简洁贴边压线紧身裤

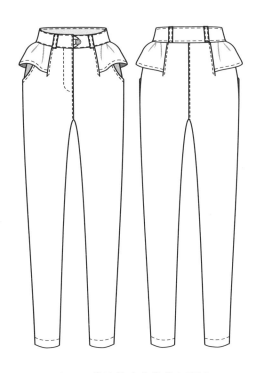

中腰口袋处花边装饰类小脚裤

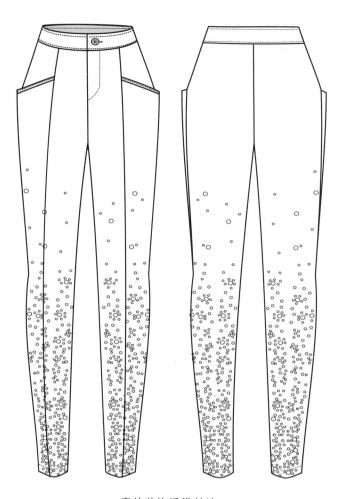

亮片装饰插袋长裤

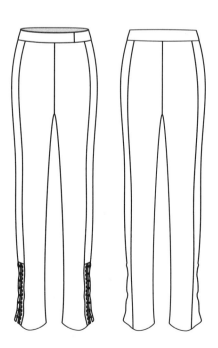

中腰裤腿侧襻扣装饰类长裤

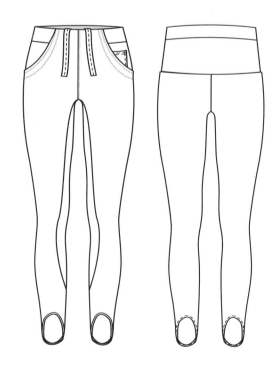

中腰系带连袜类紧身裤

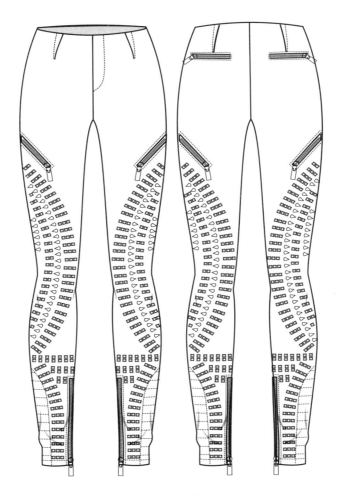

铆钉拉链装饰紧身裤

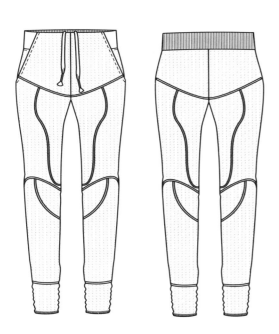

中腰系带紧身类九分裤

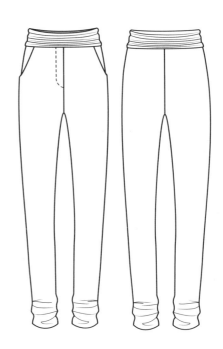

中腰腰部脚口堆褶类长裤

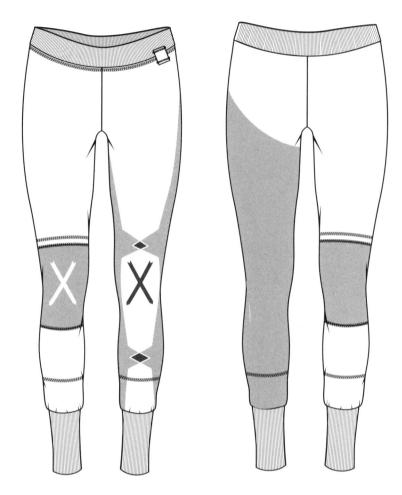

松紧腰带脚口不对称分割装饰长裤

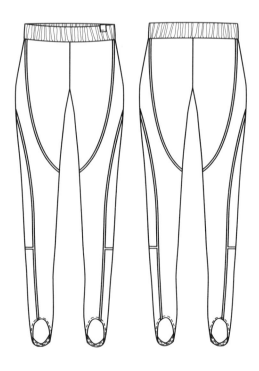

中腰腰部松紧连袜分割类长裤

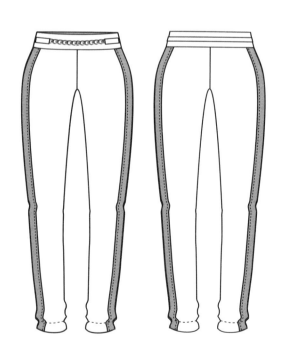

中腰腰部金属装饰运动小脚裤

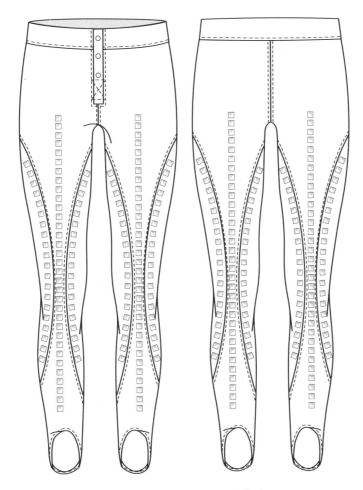

钮扣门襟方块花纹勾脚打底裤

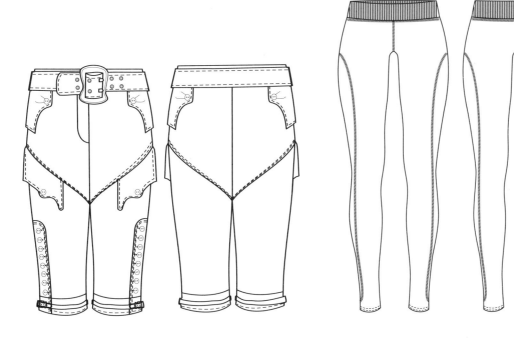

中腰腰带脚口侧钮扣装饰分割类七分裤　　　　　　中腰腰部松紧分割类紧身裤

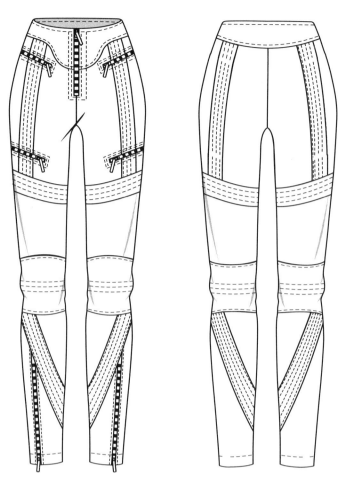

收腿压线直筒拉链长裤

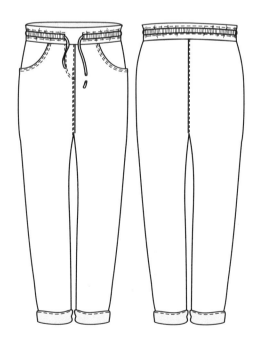

中腰腰部系带抽皱脚口外翻类长裤

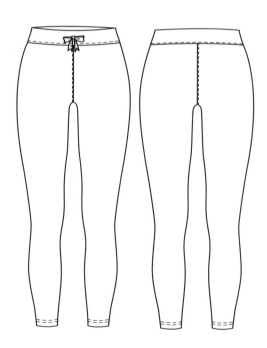

中腰腰间系结紧身裤

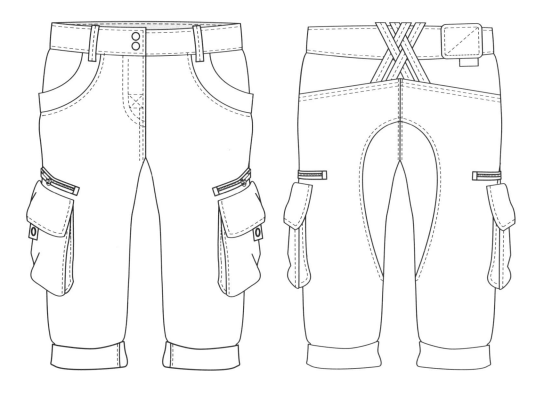

双挖袋中裤

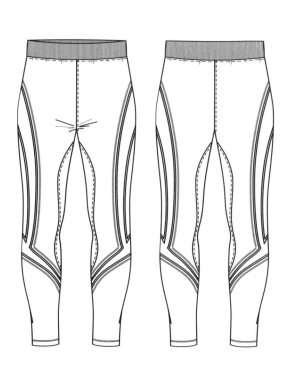

松紧腰带对称分割压线长款紧身裤

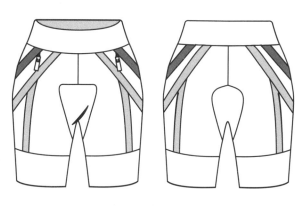

中腰腰部系带拉链装饰分割类短裤

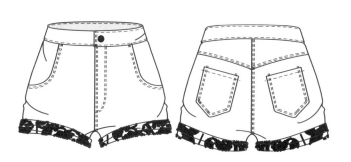

印花牛仔压线中腰超短裤

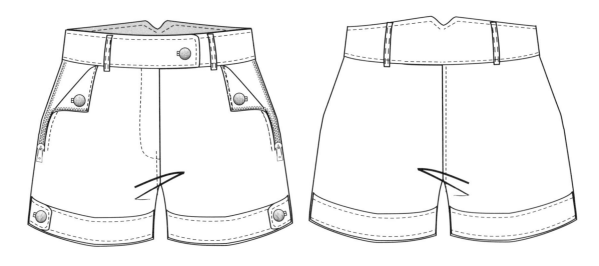

前低后高钮扣压线短裤

简洁蝴蝶结系带短裤

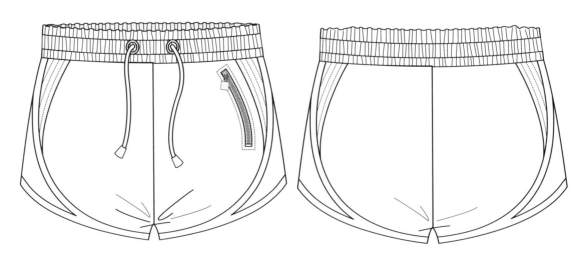

分割压线收褶包边运动短裤

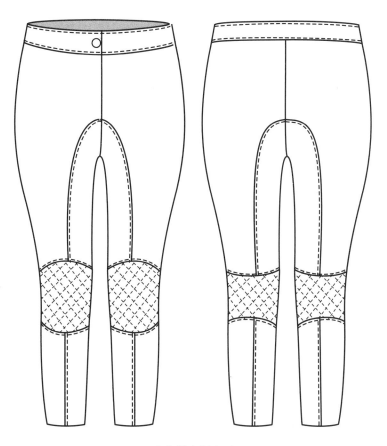

膝盖拼布紧身裤

膝盖多装饰低腰小脚裤

针织腰围压线直筒裤

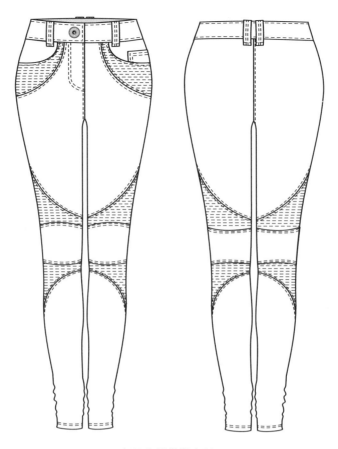

中腰分割类紧身裤

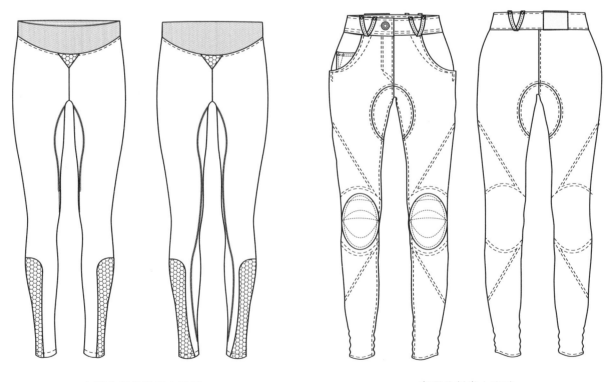

中腰分割类紧身小脚裤

中腰分割类小脚裤

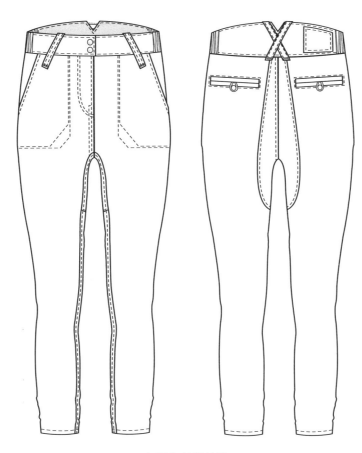

中腰分割类长裤

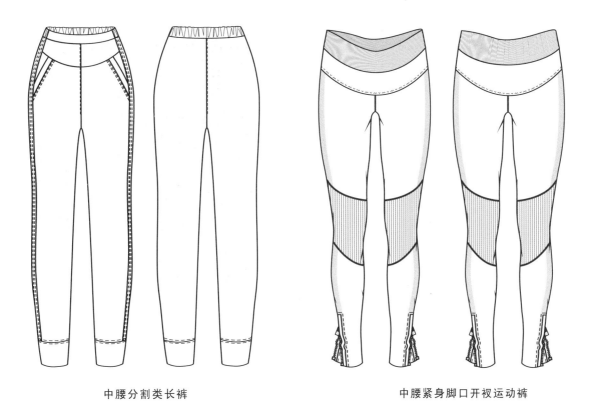

中腰分割类长裤　　　　　　　　　中腰紧身脚口开衩运动裤

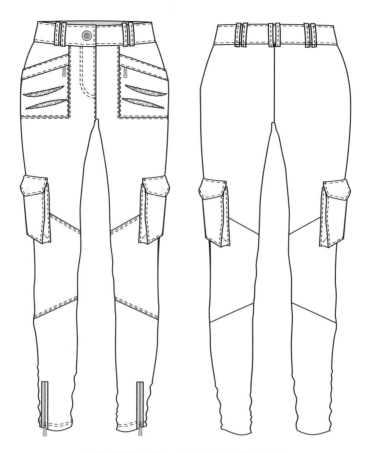

中腰裤侧贴袋脚口拉链装饰分割类长裤

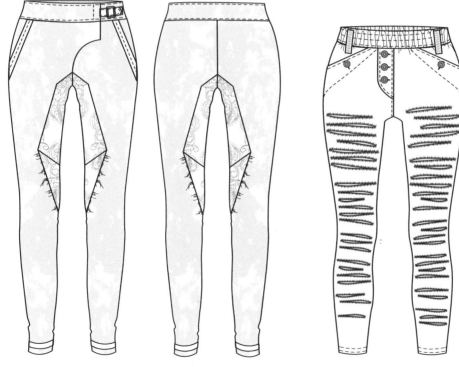

中腰门襟不规则分割类紧身裤   中腰松紧分割类紧身裤

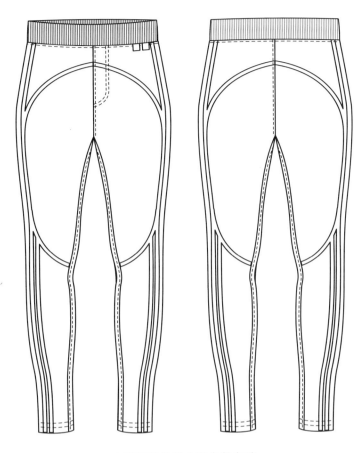

中腰腰部松紧分割类紧身裤

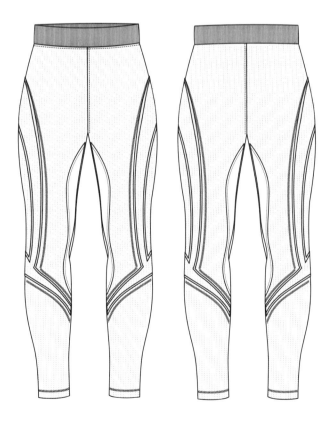

中腰腰部松紧分割类长裤

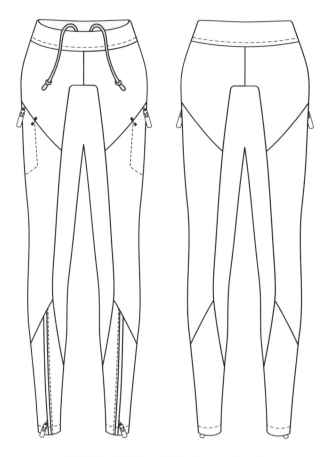

中腰腰部系带裤脚拉链装饰分割类长裤

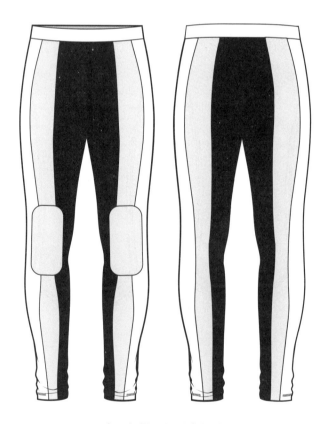

中腰门襟不规则类长裤

第五章

款式图设计
（宽松裤）

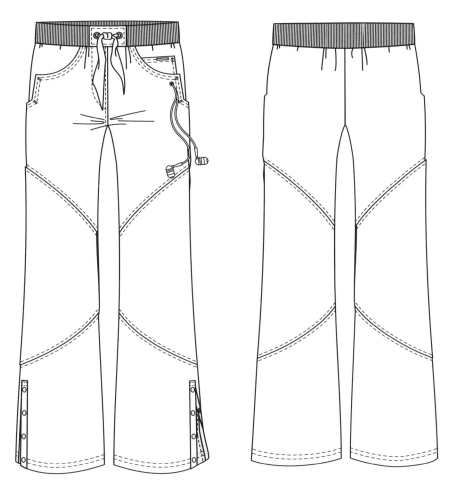

抽带耳机分割压线直筒微喇叭裤

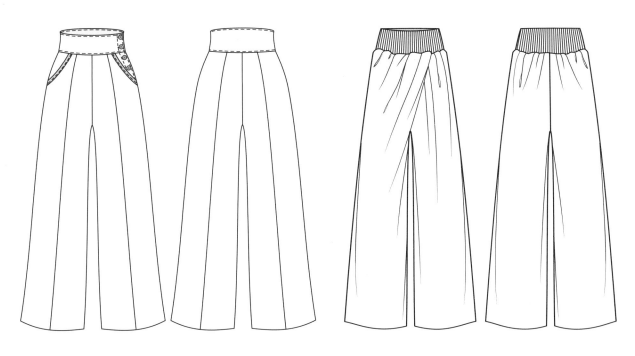

中腰腰侧钮扣装饰类长裤　　　　　　　　　抽皱阔腿裤

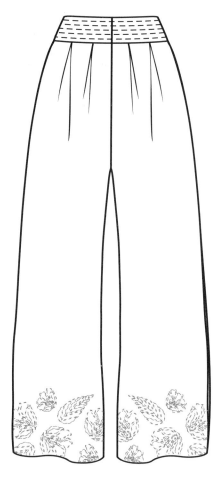

定位花阔腿裤

低腰分割类阔腿裤

低腰腰部花边不规则外翻类阔腿裤

分割装饰阔腿裤

低腰腰部系带类六分阔腿裤

高腰腰部系带贴袋类阔腿裤

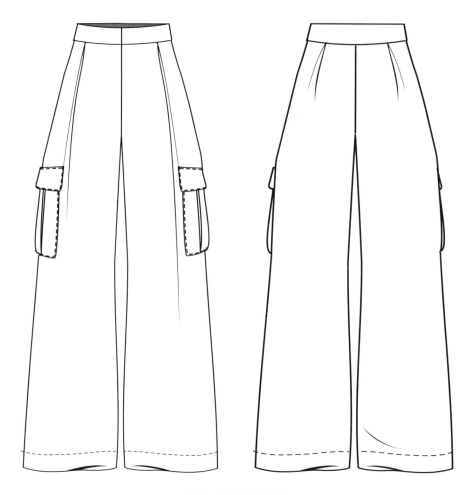

高腰宽松简洁阔腿裤

高腰阔腿裤

高腰钮扣装饰类七分裤

高腰门襟不规则类阔腿裤

高腰前腰不规则褶裥类长裤　　　　　　L型斜插袋阔腿裤

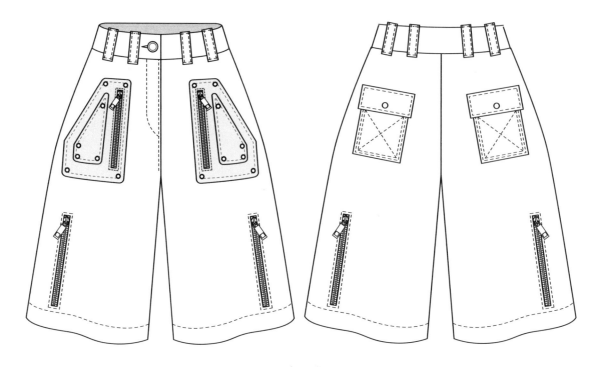

朋克短裤

高腰腰部系腰带褶裥类八分裤

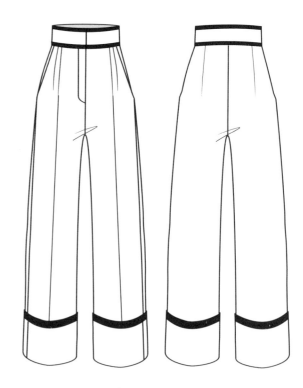

高腰褶裥阔腿裤

宽腰带花样面料阔腿裤

高腰挖袋褶裥类阔腿裤　　　　　　　高腰腰部系带褶裥类阔腿裤

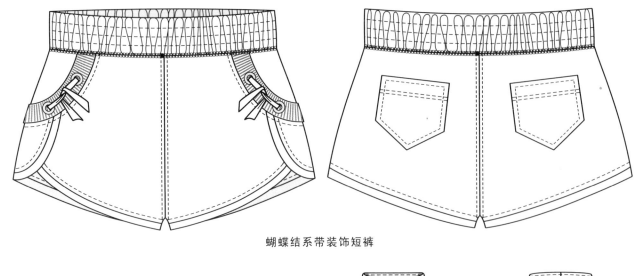

蝴蝶结系带装饰短裤

松紧腰带阔腿裤

九分阔腿裤

低腰腰侧拉链类阔腿裤

腰部搭襻装饰褶裥阔腿裤

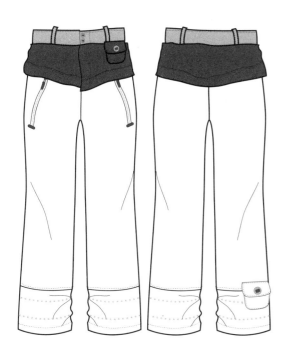

宽腰装饰工装裤

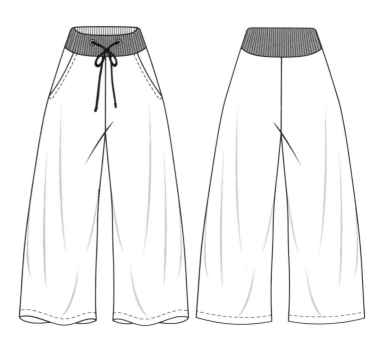

阔腿裤

中腰阔腿裤

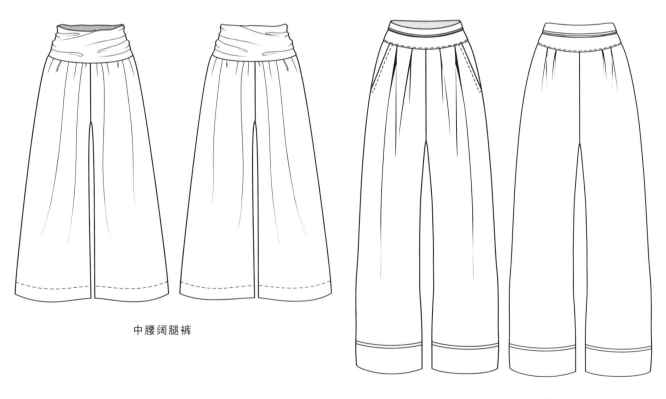

中腰阔腿裤

双工字褶直筒长裤

中腰门襟不规则类六分裤

腰侧钮扣装饰类长裤

中腰腰部系带抽皱类七分阔腿裤

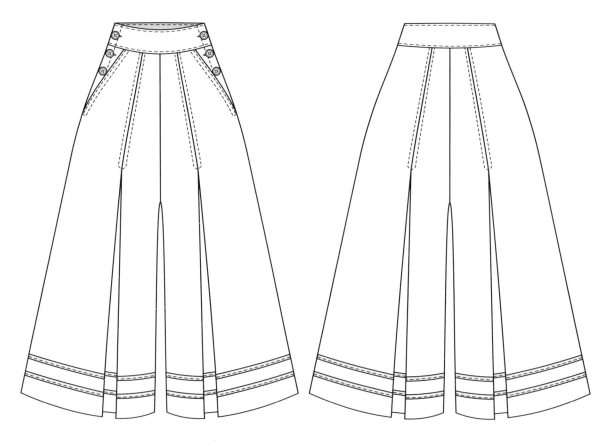

中腰腰侧钮扣装饰裤腿褶裥类阔腿裤

中腰腰部系带褶裥类阔腿裤

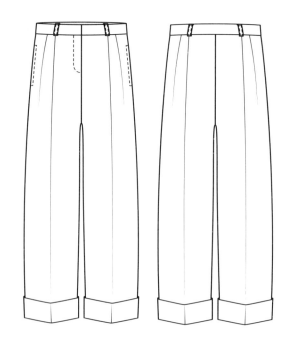

中腰腰部褶裥脚口外翻类阔腿裤

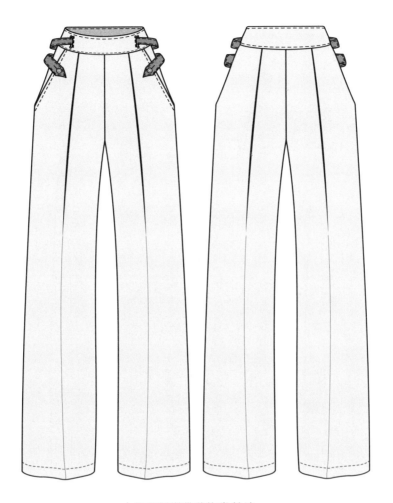

中腰腰侧襻带装饰类长裤

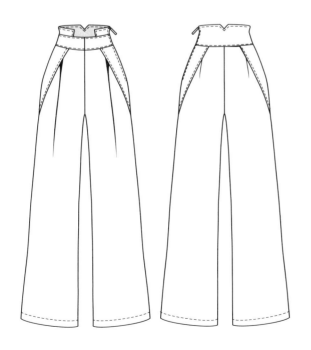

高腰腰侧拉链装饰类长裤

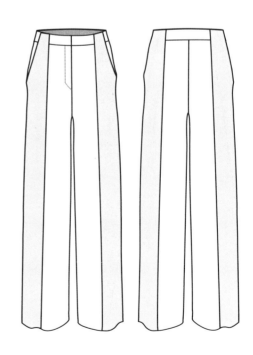

中腰直筒类长裤

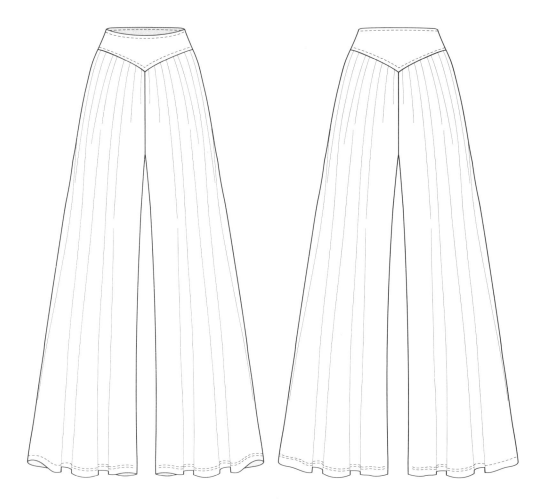

低腰抽皱类阔腿裤

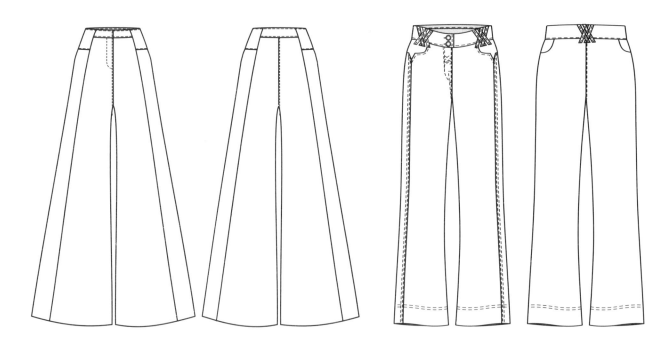

低腰分割类阔腿裤　　　　　　　低腰分割类阔腿裤

低腰分割类九分阔腿裤

低腰分割类长裤

低腰脚口开衩类阔腿裤

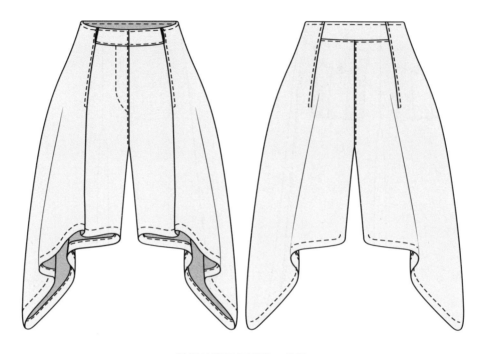

低腰裤脚不规则类五分裤

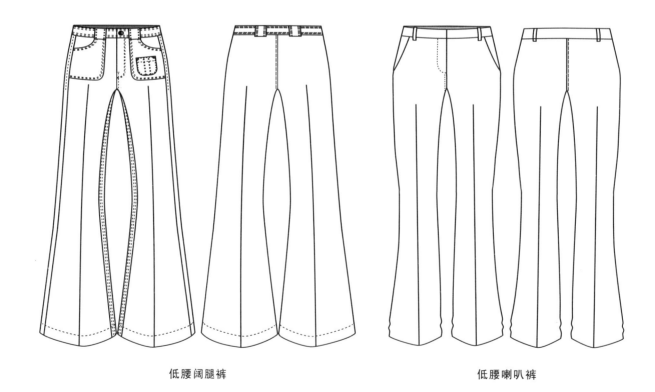

低腰阔腿裤

低腰喇叭裤

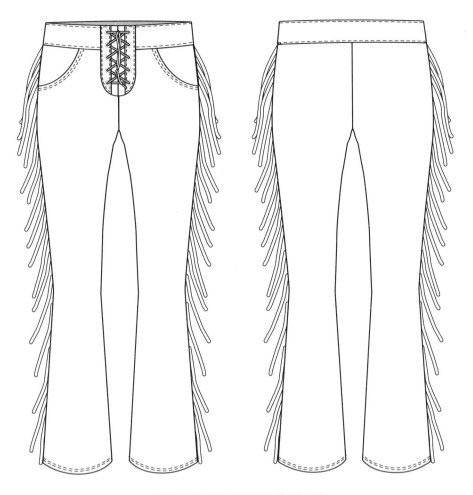

低腰系带裤边流苏装饰类喇叭裤

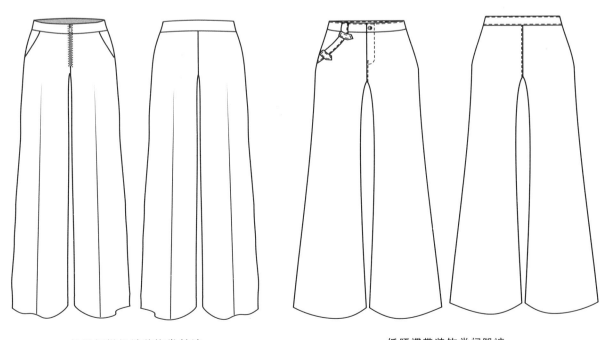

低腰门襟拉链装饰类长裤

低腰襻带装饰类阔腿裤

高腰系带抽皱类阔腿裤

低腰七分喇叭裤

高腰腰部松紧类喇叭裤

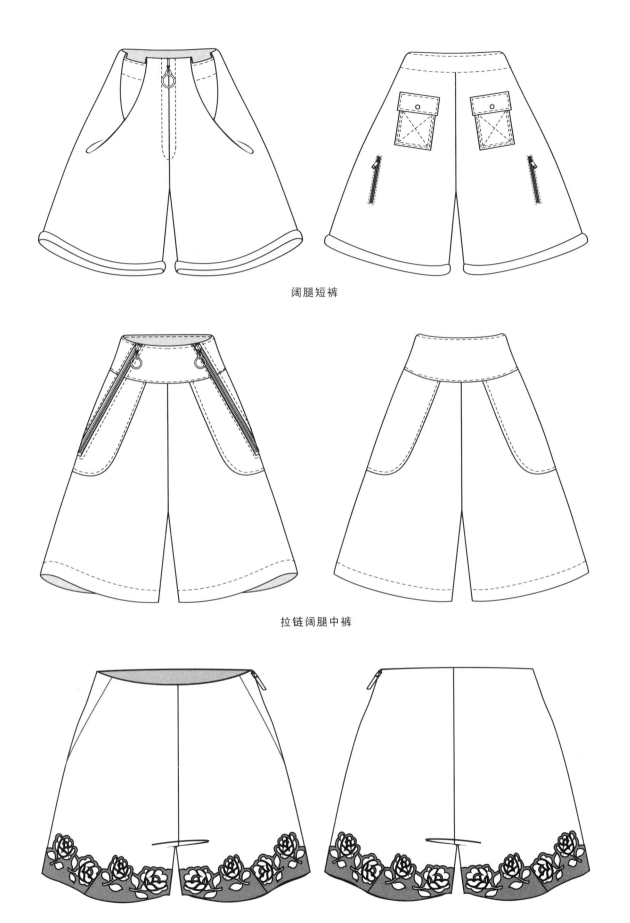

阔腿短裤

拉链阔腿中裤

裤脚口蕾丝装饰短裤

宽后腰拉链装饰口袋喇叭裤

低腰腰部抽皱类八分阔腿裤　　　　　　低腰腰部系带抽皱类阔腿裤

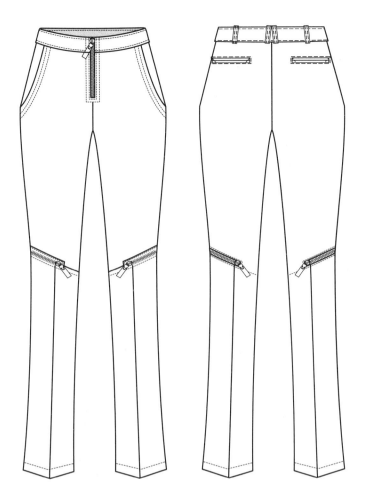

腿部分割拉链小喇叭裤

低腰腰部系带收省类长裤

低腰腰部系腰带阔腿裤

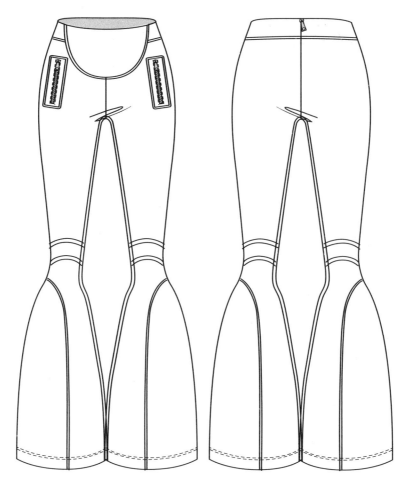

中腰拉链口袋收腿宽松喇叭个性裤

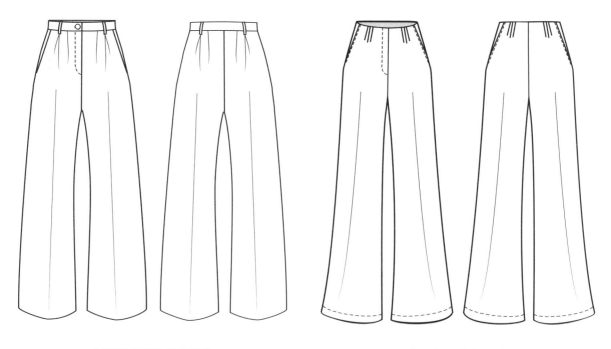

低腰腰部褶裥类阔腿裤　　　　　　　低腰褶裥类阔腿裤

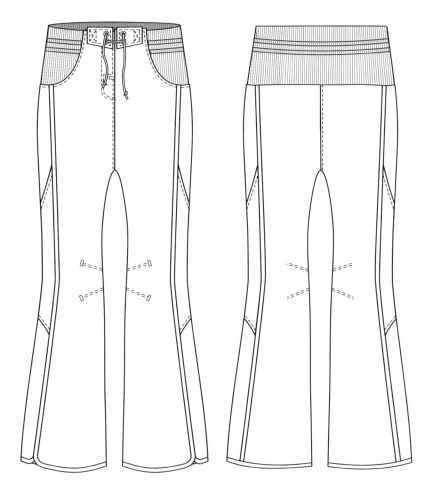

中腰腰前系带分割类长裤

分割口袋装饰牛仔喇叭裤

高腰系带装饰喇叭裤

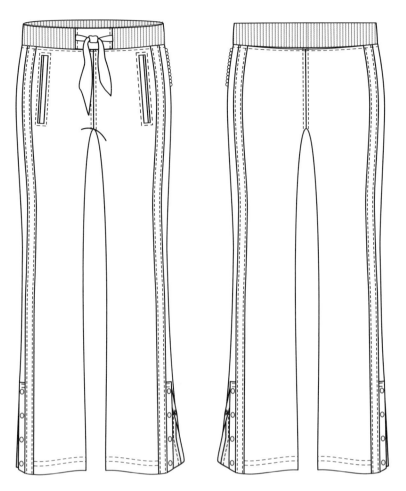

中腰直筒压线侧边开衩长裤

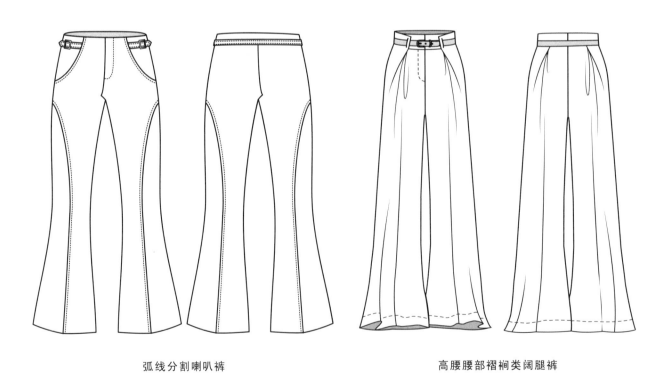

弧线分割喇叭裤　　　　　　　　高腰腰部褶裥类阔腿裤

分割类阔腿裤

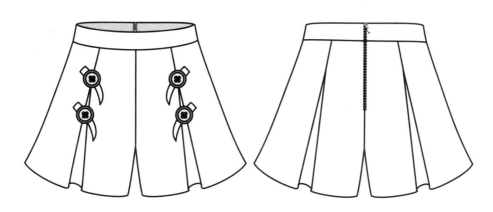

工字褶裙裤

中腰褶裥类阔腿裤

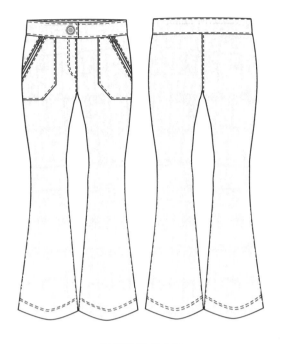

低腰贴袋喇叭裤

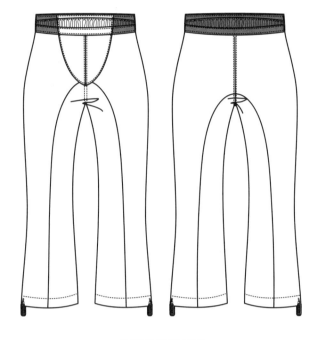

松紧分割直筒裤

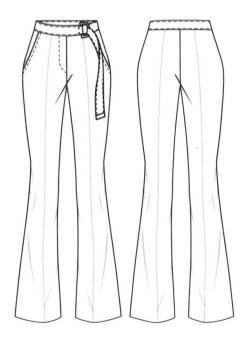

细带喇叭裤

七分阔腿裤

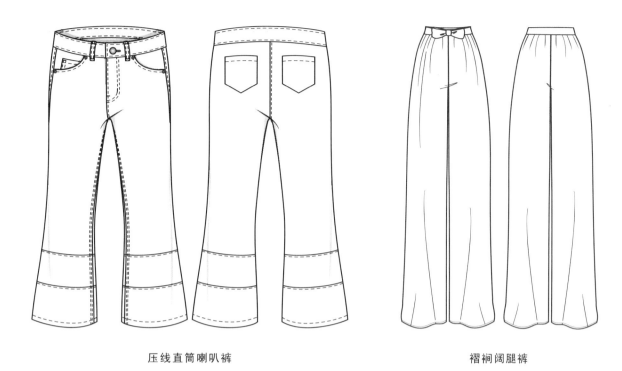

压线直筒喇叭裤

褶裥阔腿裤

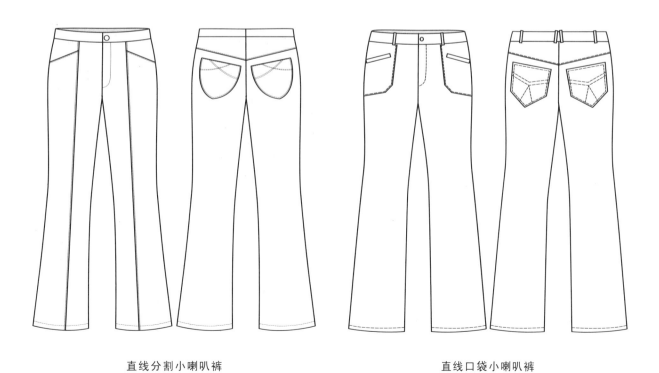

直线分割小喇叭裤

直线口袋小喇叭裤

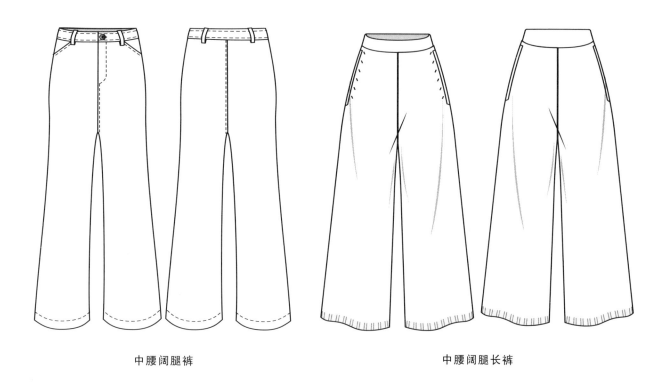

中腰阔腿裤

中腰阔腿长裤

中腰裤管磨损类喇叭裤

胯部弧线分割喇叭裤

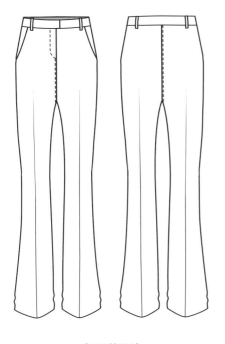

中腰喇叭裤

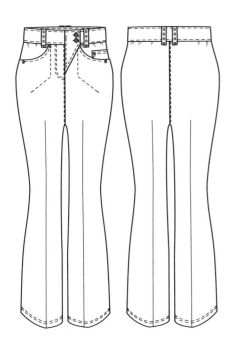

中腰门襟不规则类喇叭裤

中腰松紧蝴蝶结装饰喇叭裤

中腰贴袋阔腿裤

中腰腰部口袋脚口图案装饰类喇叭裤

中腰腰部松紧脚口开衩类阔腿裤

中腰腰部褶裥阔腿裤

中腰腰部系腰带不对称类阔腿裤

第六章

款式图设计
（连体裤）

A字腰部荷叶边系带皱褶连体裤

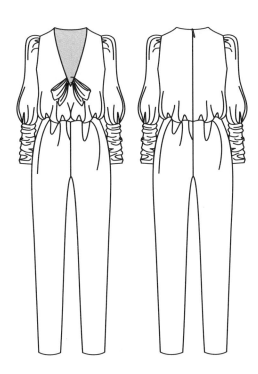

V领泡泡袖胸口蝴蝶结连体长裤

V领中袖前门襟单排扣连体裤

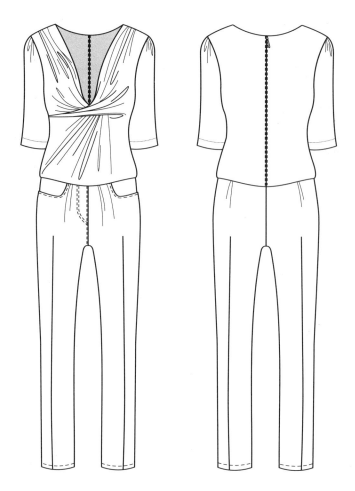

V领中袖胸前褶皱连体长裤

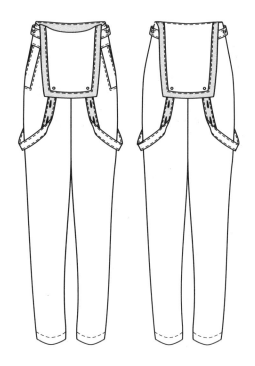

背带斜插袋连体裤

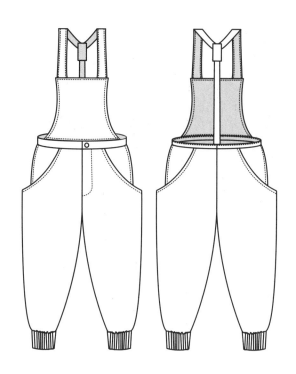

背带工装灯笼裤

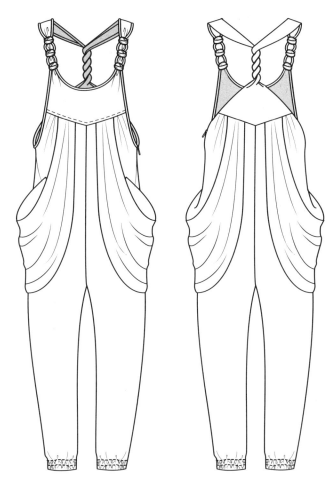

半透明编织吊带胸前装饰褶小脚连体裤

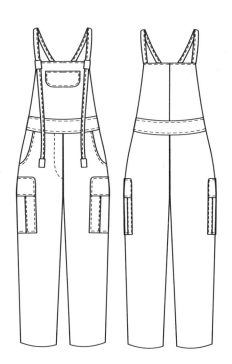

前胸贴袋裤上立体袋背带连体裤

背心式Y字褶连体裙裤

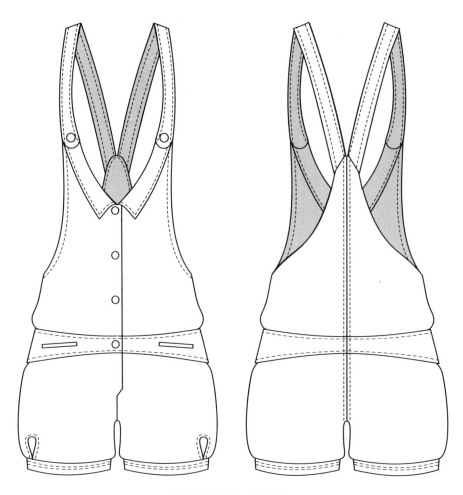

翻领嵌袋连体背带短裤

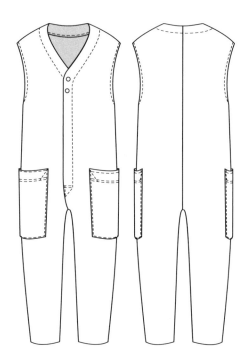

背心式侧面立体袋两粒扣连体裤

背心腰部抽褶前胸编绳带V领连体裤

后育克前做褶斜插袋背带连体裤

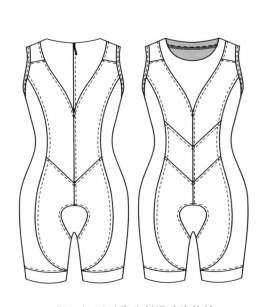

背心式L型对称分割运动连体裤

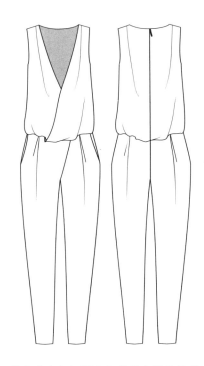

背心式肩部加褶交叉荡领小脚连体裤

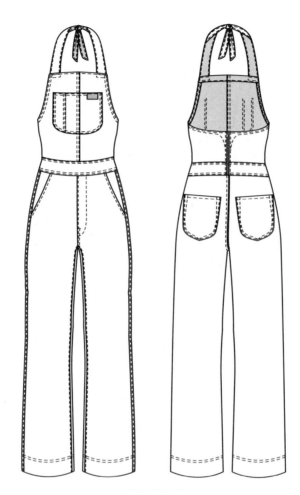

背带连体裤

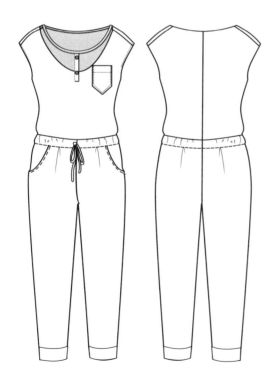

背心式腰部抽带连体裤

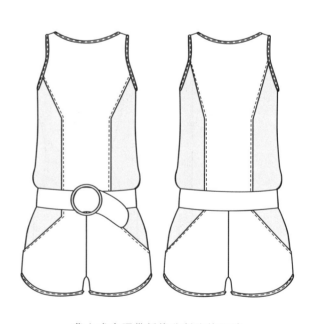

背心式宽腰带折线分割连体短裤

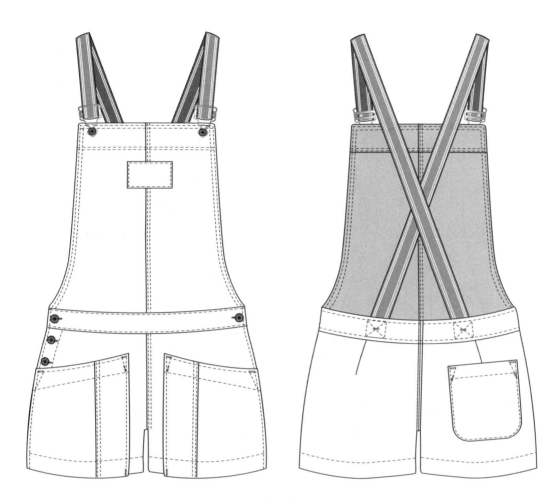

连体背带裤

背心式腰部抽带连体短裤

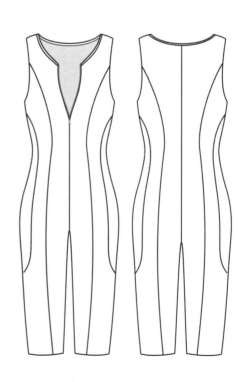

背心式线条分割连体裤

背带阔腿裤

蝙蝠袖V字领腰部松紧带连体短裤

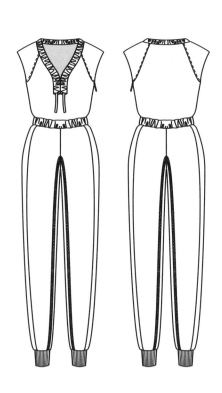

插肩袖领子抽带腰部皮筋脚口罗口连体裤

印花系腰带露背无袖连体裤

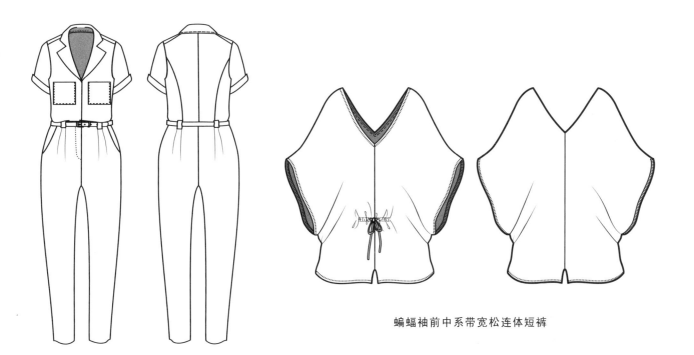

蝙蝠袖前中系带宽松连体短裤

变形青果领胸口贴袋短袖连体长裤

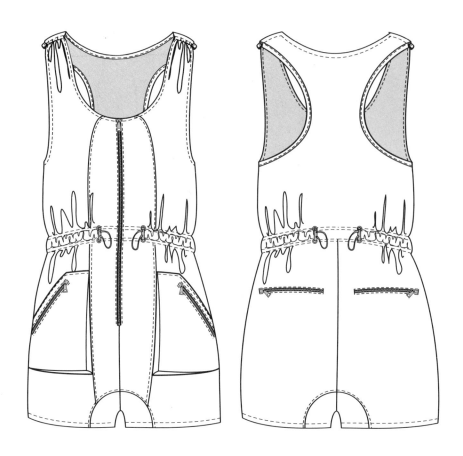

背带式腰部抽褶连体短裤

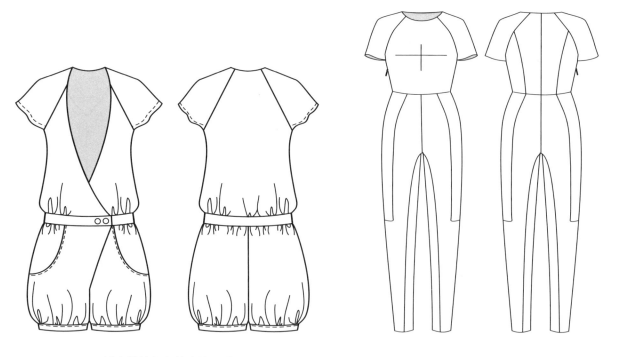

插肩袖抽褶灯笼连体短裤　　　　　插肩袖胸前十字分割连体裤

背心式前片交叉抽褶腰部松紧带阔腿连体裤

插肩袖部抽褶腰部松紧带连体裤

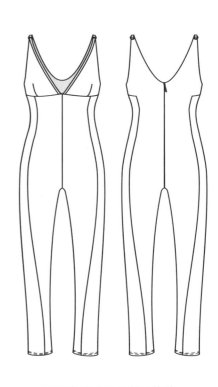

大V领紧身弧线分割连体裤

背心式腰部系带拉链连体裤

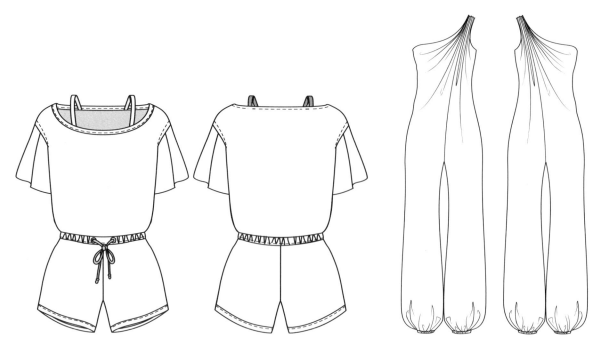

大圆领落肩波浪袖假两件腰部系带连体短裤

单肩放射褶灯笼连体裤

背心式钮扣压线贴边连体裤

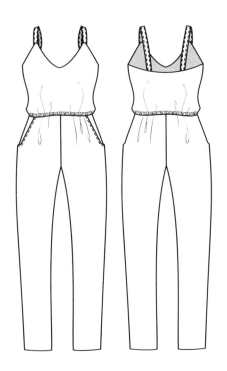

吊带式腰部抽带小脚连体裤

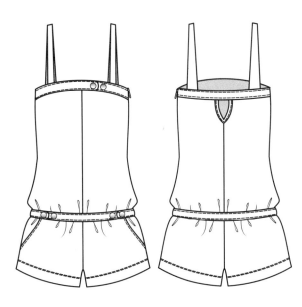

布扣装饰斜插袋吊带连体短裤

编带褶裥吊带连体短裤

吊带式前胸做褶腰部抽褶连体裤

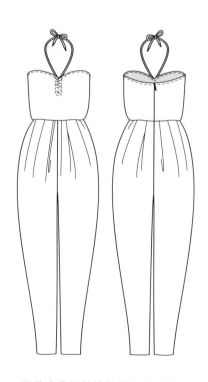

吊带式花瓣抹胸抽褶小脚连体裤

蝙蝠袖褶皱系带连体裤

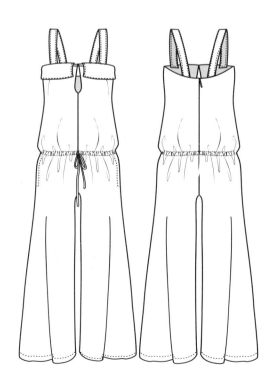

吊带式大裤口腰部抽带连体裤

吊带抹胸式前门襟钉扣宽松阔腿连体裤

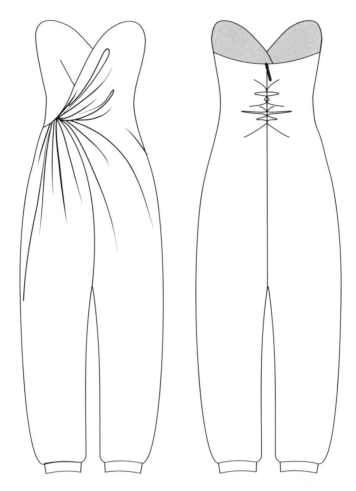

不对称式放射性抽褶花苞连体长裤

后背交叉镂空式露肩长袖直筒连体裤

吊带式三层波浪连体短裤

不对称式抹胸连体裤

吊带式胸部抽褶裤腿波浪连体裙裤

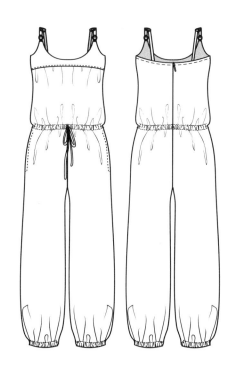

吊带式腰部抽带脚口抽紧连体长裤

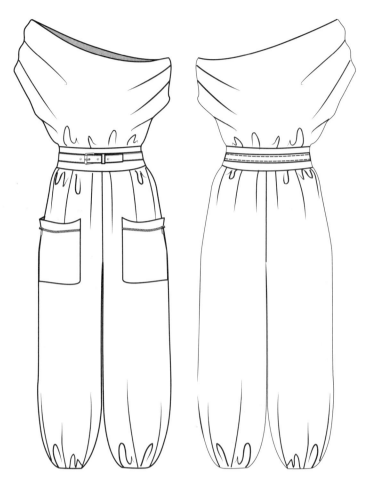

大领蝙蝠式腰部皮带裤口收拢连体裤

吊带式腰部松紧带连体裤

吊带式腰部蝴蝶结连体裤

大圆领上身系结后中拉链连体长裤

短袖大圆领胯部系带连体裤

反驳领圆装袖连体长裤

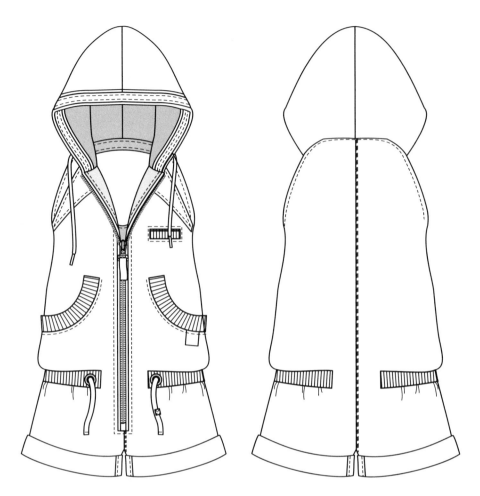

带帽无袖式斜插袋胯部抽带连体短裤

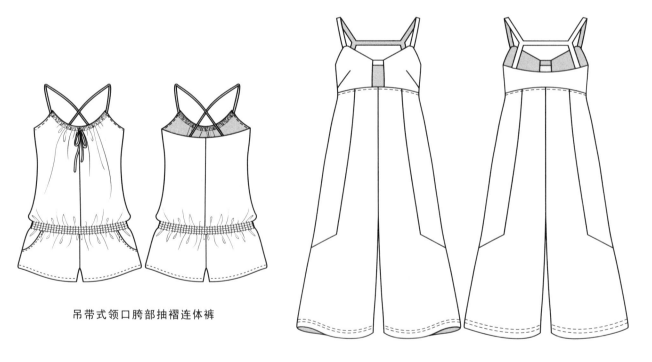

吊带式领口胯部抽褶连体裤

后背H型吊带式L型分割连体裤

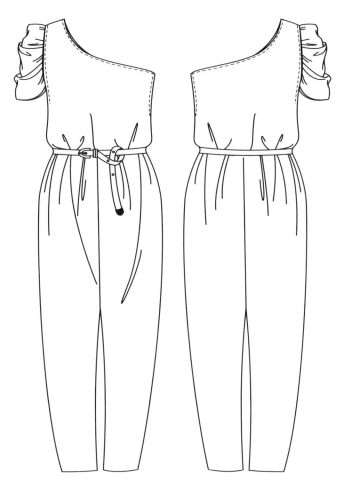

单肩泡泡袖腰部系带连体裤

贴袋式连体背带长裤

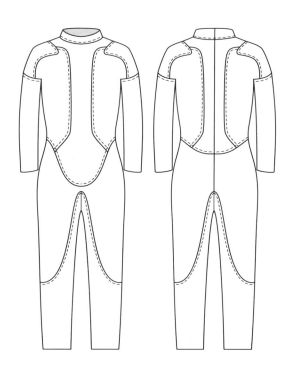

插肩小立领九分袖分割连体裤

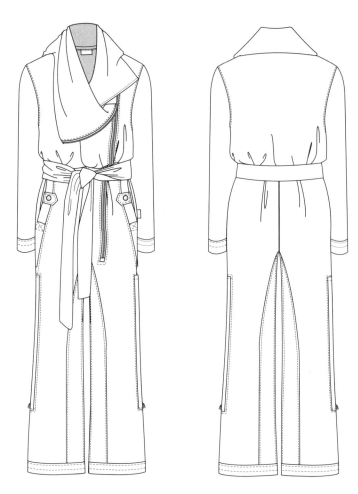

荡领风衣式拉链装饰系腰带长袖连体裤

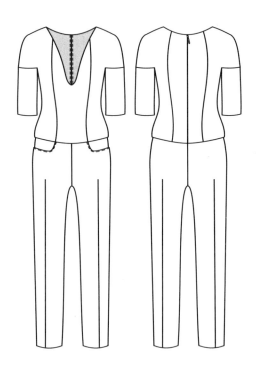

落肩中袖收腰连体长裤

抹胸式抽褶系带连体裤

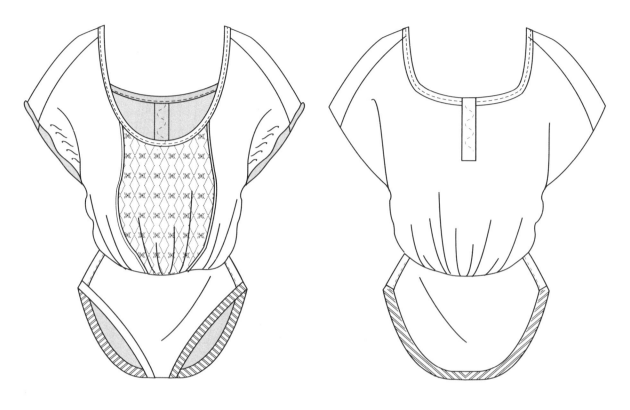

低领蝙蝠袖三角裤连体衫

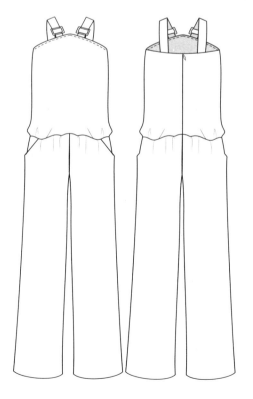

抹胸式吊带连体长裤

抹胸式钉扣收腰工字褶小喇叭连体裤

低领蝴蝶结垂褶连体三角裤

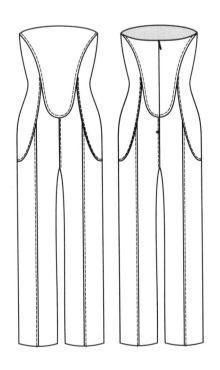

抹胸式花苞型分割背后隐形拉链连体长裤

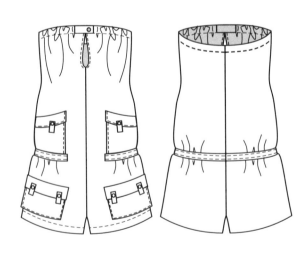

抹胸式前胸水滴镂空贴袋连体短裤

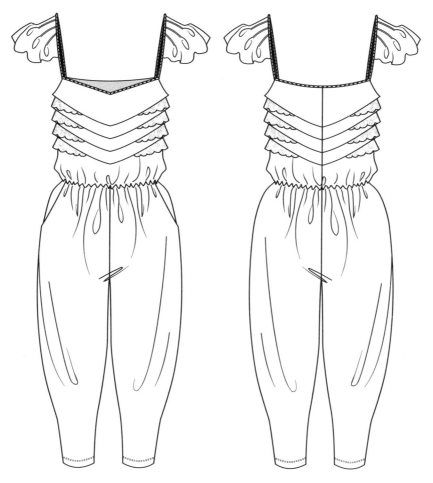

低胸多层波浪抽褶吊带连体七分裤

抹胸式胸部抽褶连体裤

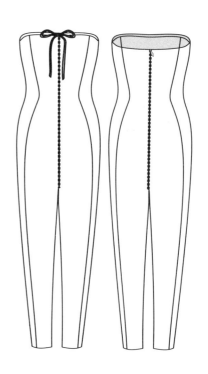

抹胸式胸口蝴蝶结系带连体裤

吊带式V领抽褶连体长裤

高领系带短袖罗口连体短裤

枪驳领公主缝落肩泡泡袖连体长裤

吊带式V领腰部抽褶连体长裤

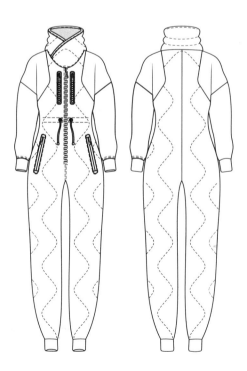

高领拉链落肩长袖腰部系带连体裤

深V领腰部镂空背心连体长裤

吊带式荷叶边腰部系带褶皱连体中裤

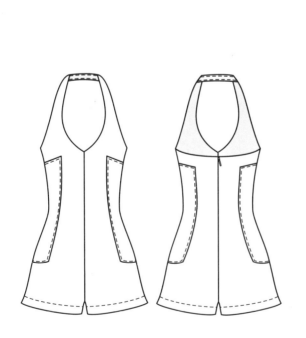

套头吊带分割式连体裤

无领反驳系腰带褶皱中袖裤脚拉链连体长裤

蝴蝶结装饰X型分割吊带连体短裤

无袖V领胸前褶皱连体长裤

肩部木耳边高腰无袖连体裤

吊带式前胸开系带连体短裤

无袖深V领腰部装饰连体短裤

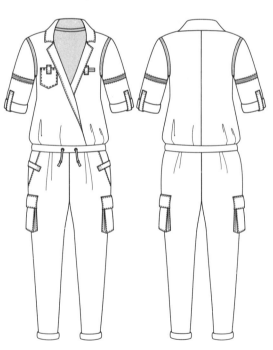

西装领立体袋中袖连体裤

吊带式胸腰脚口抽褶九分连体裤

西装领圆装袖连体长裤

小V领短袖胸部弧线分割连体裤

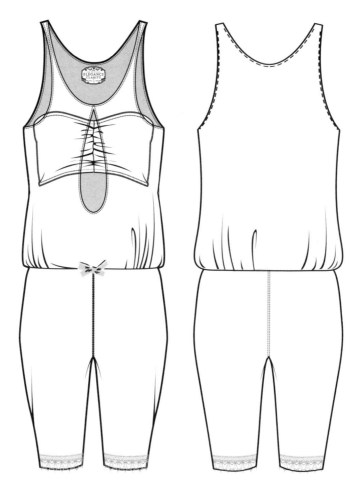

吊带背心式前胸水滴形镂空中长连体裤

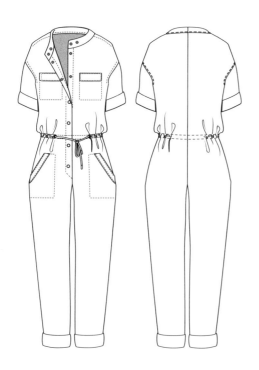

小立领落肩腰部系带七分连体裤

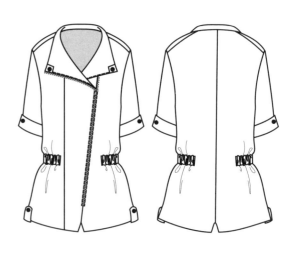

斜拉链侧腰抽皮筋中袖连体短裤

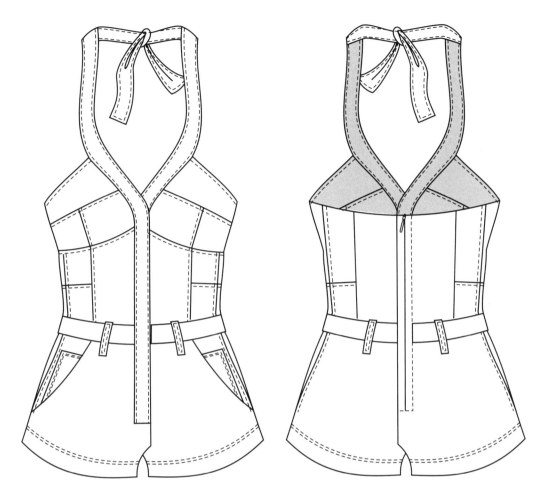

吊带背心多分割斜插袋连体裤

圆领宽腰带喇叭连体裤

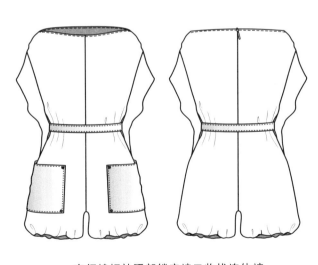

一字领蝙蝠袖腰部镂空裤口收拢连体裤

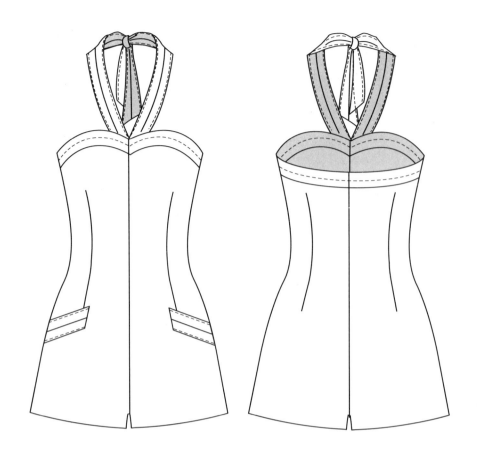

吊带抹胸式收省前部贴条装饰连体短裤

一字领肩部抽褶连体中裤

圆领背心式胸前蝴蝶结系腰带连体短裤

短袖连衣裙裤

胸部镂空连身袖前贴袋侧部开衩连体裤

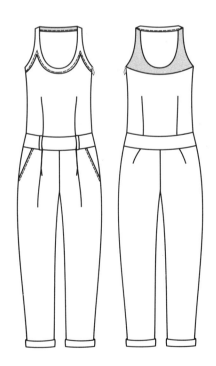

圆领吊带式斜插袋Y字褶连体中裤

荷叶边吊带式收腰灯笼连体短裤

圆领连身袖腰部抽褶脚口收拢连体长裤

背心式多分割连体短裤

荷叶边袖连体短裤

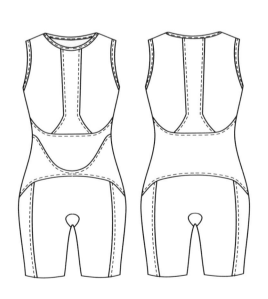

背心式多分割连体短裤

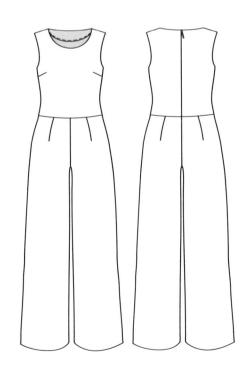

背心式连体长裤

鸡心领编带流苏宽松连体裤

背心式腰部抽带连体裤

背心式腰部抽带连体裤

交叉背带短裤

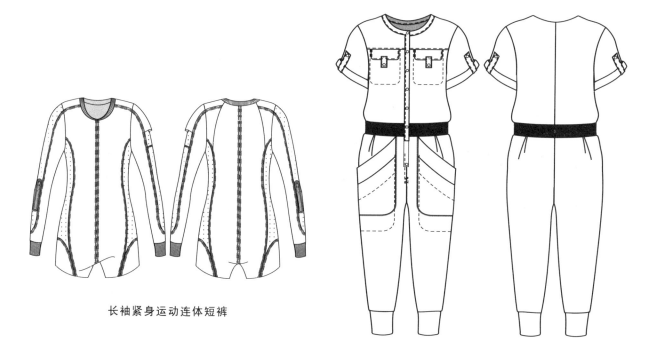

长袖紧身运动连体短裤

圆领胸口贴袋短袖七分连体裤

交叉套头前胸褶阔腿连体裤

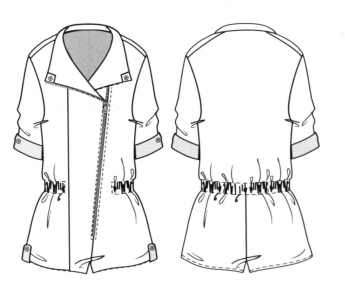

卷边收腰抽褶不对称拉链工装连体裤

立领斜门襟盘扣无袖露背中国风连体短裤

连体裙裤

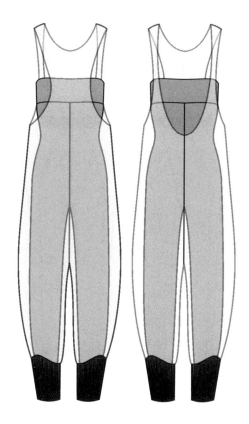

罗口双层透视背带连体裤

青果领无袖腰部系带小脚连体裤

抹胸抽褶式腰带钉扣灯笼连体裤

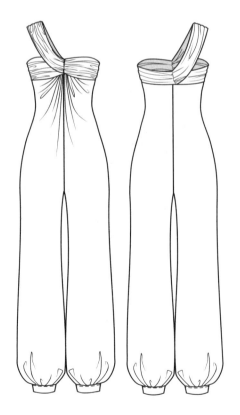

单肩抹胸多褶皱式灯笼连体长裤

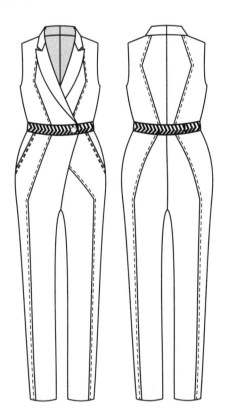

枪驳领直线分割腰部系带无袖连体长裤

绕脖装饰连体短裤

双吊带抹胸式交叉镂空腰部松紧带连体短裤

圆领分割半门襟抽褶包边压线工字背心连体裤

系带式胸部抽褶腰部松紧带超短连体裤

系带式腰部宽带木耳边连体裤   系带式拼接休闲运动连体裤

吊带褶裥抹胸连体裙裤

小立领短袖翻袖过肩连体短裤　　　　　圆领木耳边短袖翻边斜插袋连体短裤

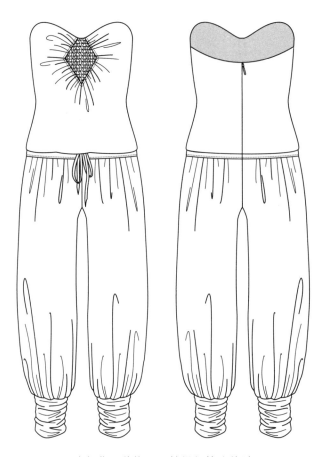

胸部菱形装饰四周抽褶灯笼连体裤

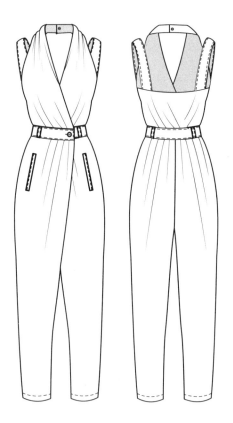

背带连体裤

系带式深V领腰部缀珠钻抽褶连体裤

第七章

款式图设计
（裙裤）

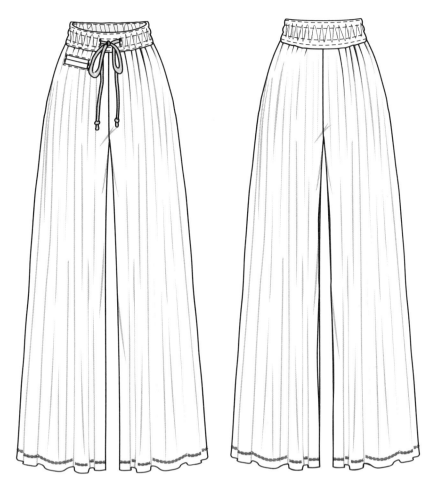

H型抽褶裤

低腰腰部抽皱类八分阔腿裤　　　　　　　低腰腰部松紧抽褶类阔腿裤

低腰腰部系带七分阔腿裤

低腰腰部褶裥类六分阔腿裤

低腰褶裥A字七分裤

低腰腰间襻带装饰抽褶类八分裤

中腰腰部腰带装饰褶裥类五分阔腿裤

高腰腰部抽褶收省阔腿裤

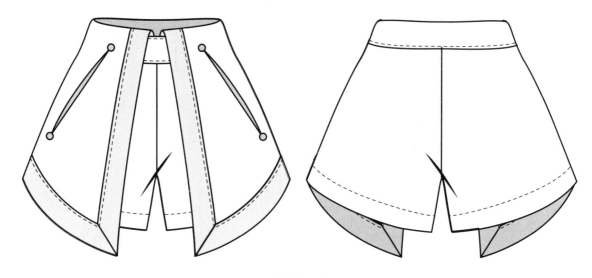

假两件短裤

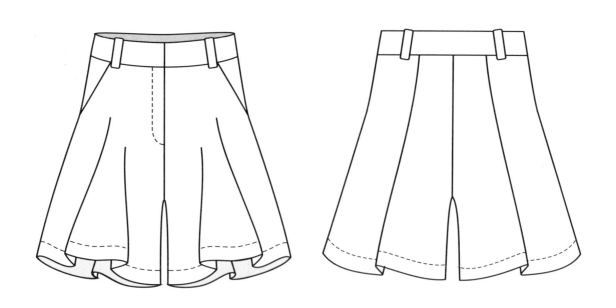

波浪摆短裤

波浪系带宽松超短裙裤

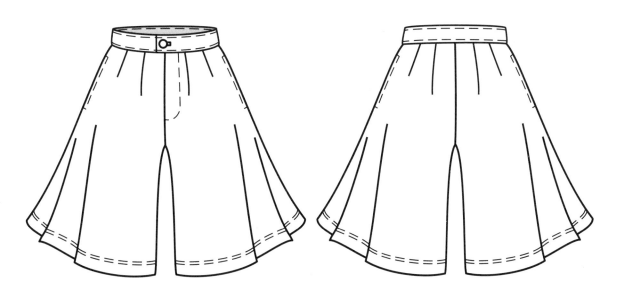

侧口袋裙裤

压线褶裥对称超短喇叭裙裤

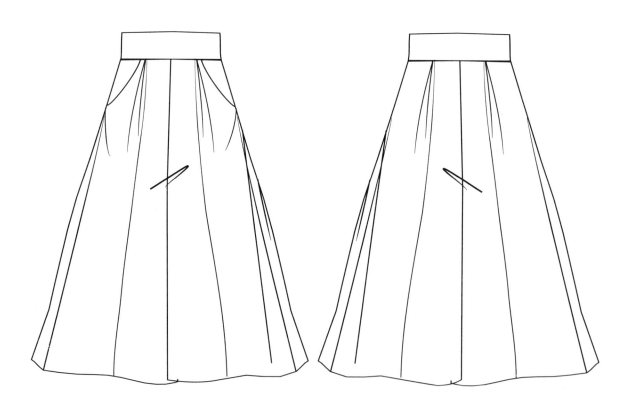

贴腰褶裥跨袋裙裤

第八章

款式图设计
（直筒裤）

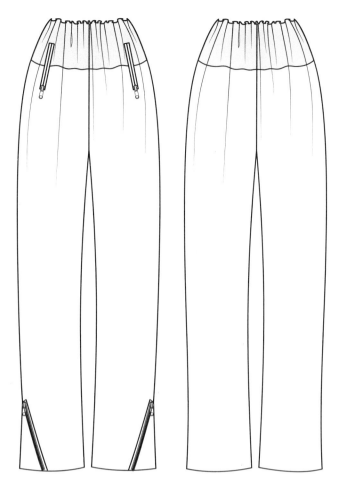

H型直筒裤

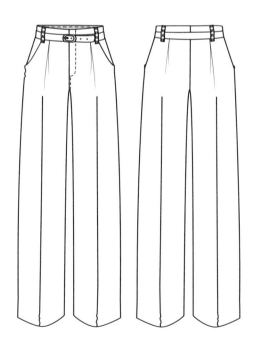

中腰系腰带褶裥类长裤

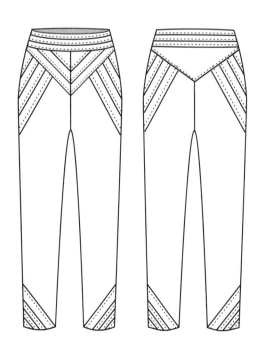

A型紧身直筒裤

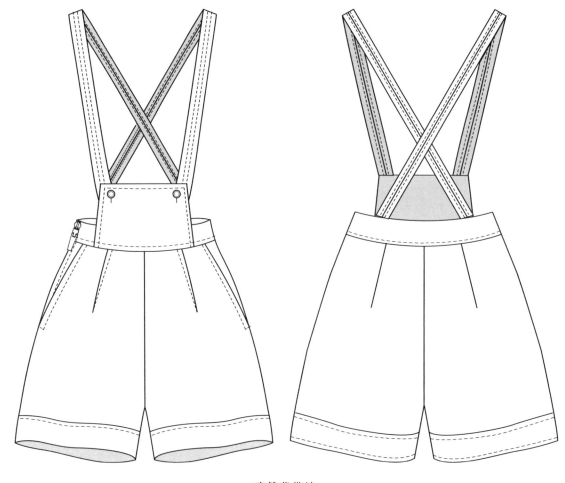

直筒背带裤

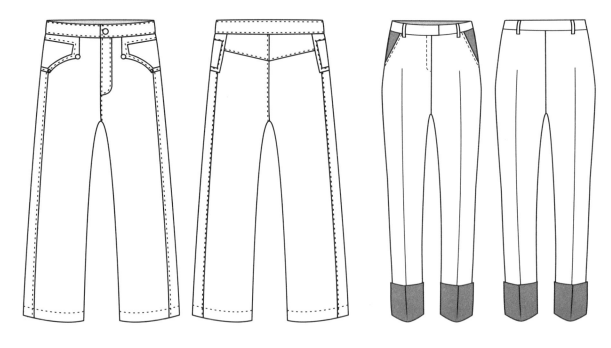

侧缝分割直筒裤

低腰插袋脚口外翻类直筒长裤

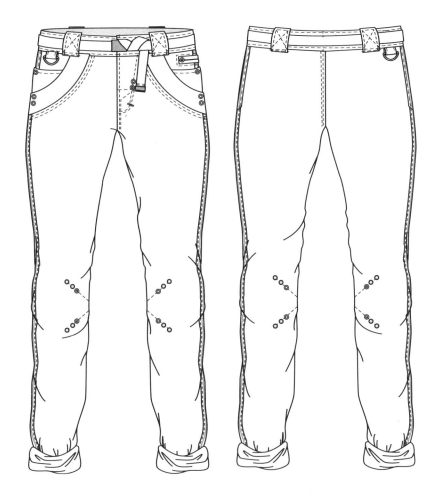

中腰休闲贴边压线卷边直筒长裤

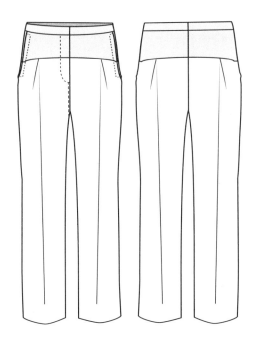

低腰插袋分割类直筒长裤

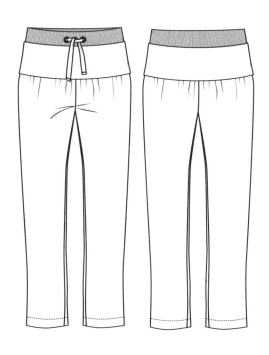

抽带长款运动休闲直筒裤

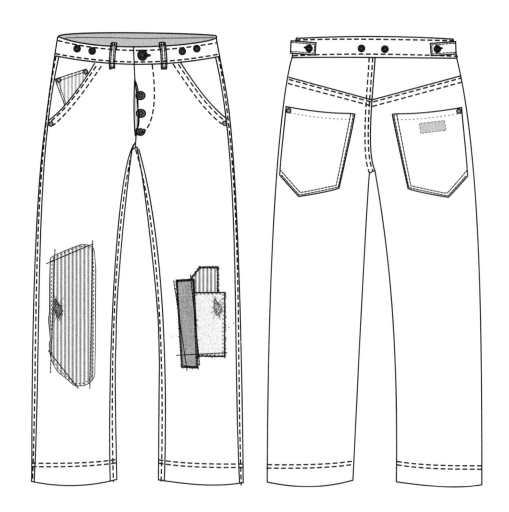

补丁装饰分割类直筒牛仔裤

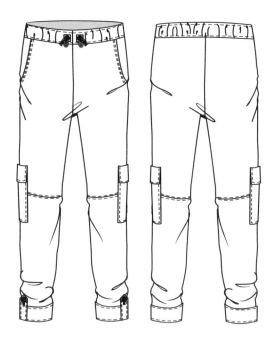

抽褶裤腰膝盖压线口袋直筒长裤

大腿部装饰带盖直筒裤

中腰腰部环扣腰带挖袋七分直筒裤

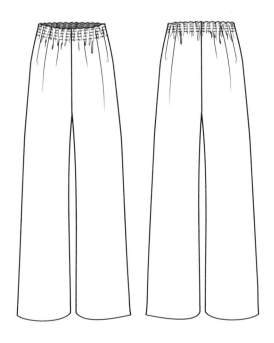

低腰腰部松紧抽皱类阔腿裤

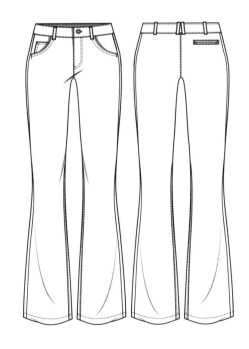

低腰小喇叭长裤

侧边开衩腰部松紧带直筒短裤

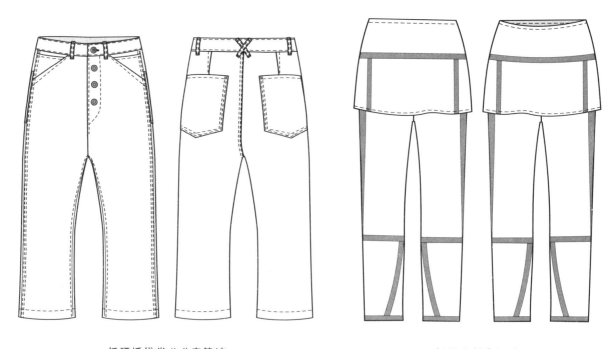

低腰插袋类八分直筒裤

低腰分割类裙裤

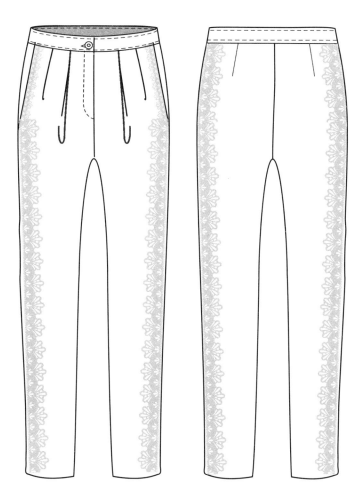

侧缝蕾丝装饰直筒裤

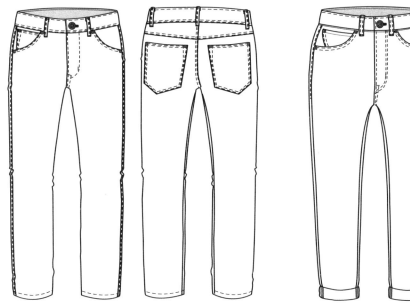

低腰分割类直筒长裤

低腰脚口外翻分割类直筒八分裤

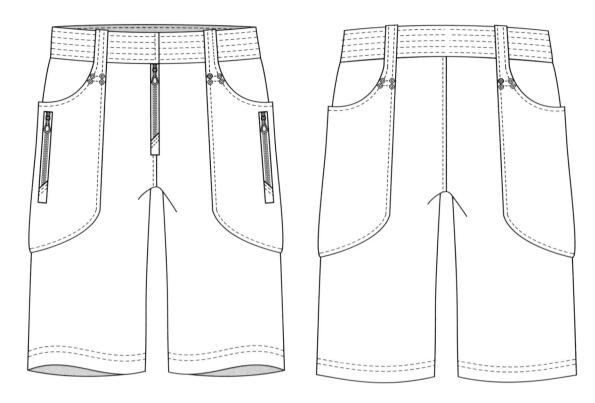

大口袋直筒中裤

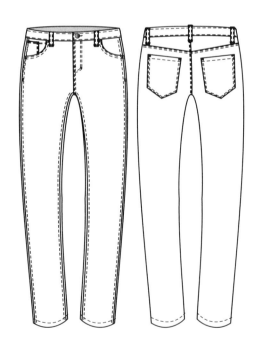

低腰分割类直筒长裤

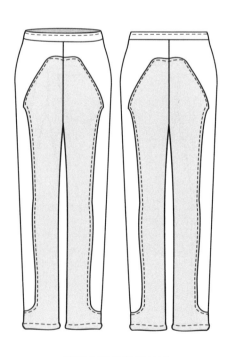

低腰分割类直筒长裤

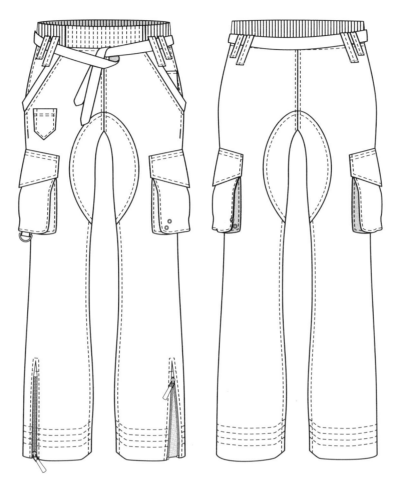

中腰腰部松紧脚口拉链开衩分割类直筒长裤

低腰脚口开衩分割类直筒九分裤

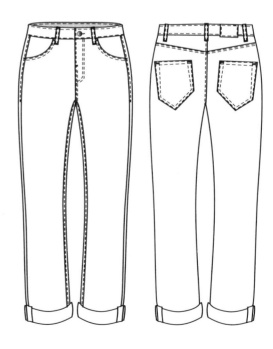

低腰脚口外翻类直筒长裤

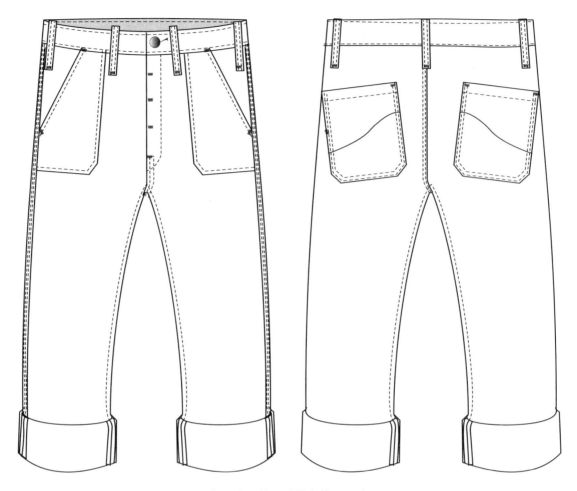

低腰脚口外翻贴袋直筒七分裤

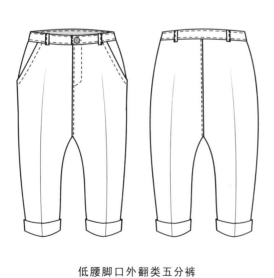

低腰脚口外翻类五分裤

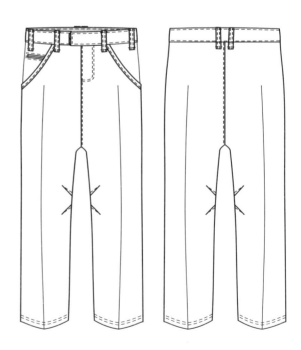

低腰类九分裤

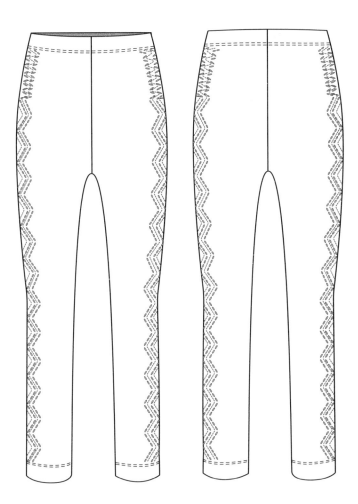

低腰裤管花边碎钻装饰类长裤

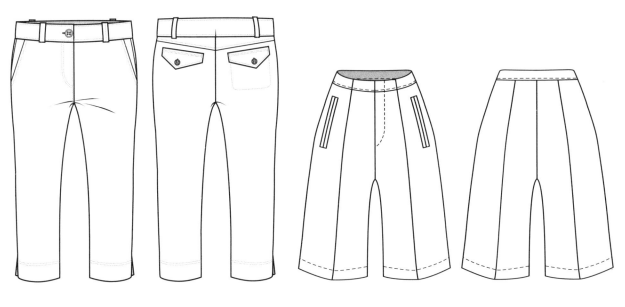

翻边七分牛仔裤

低腰六分裤

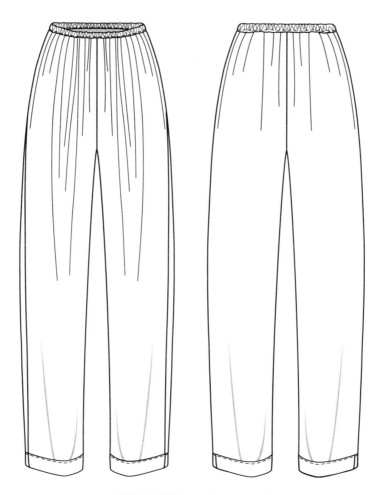

低腰腰部松紧抽皱脚口育克长裤

低腰钮扣装饰类长裤

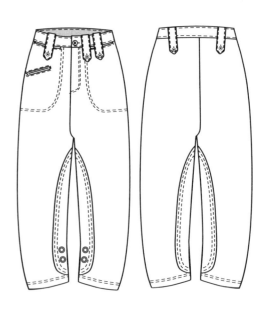

低腰挖袋分割类七分裤

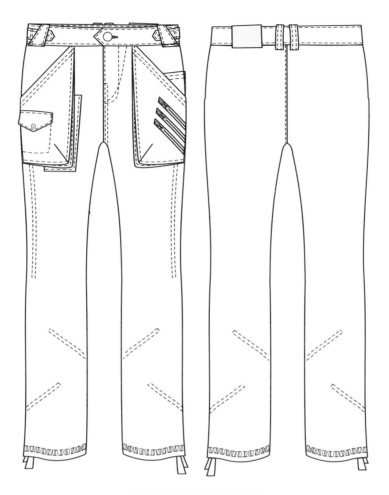

低腰脚口带装饰类直筒长裤

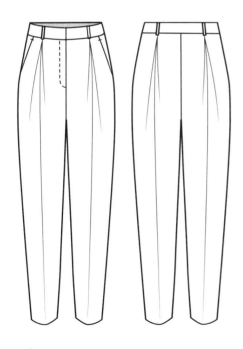

中腰腰部褶裥类长裤

低腰腰头系带假两件长裤

低腰褶裥脚口外翻类七分裤

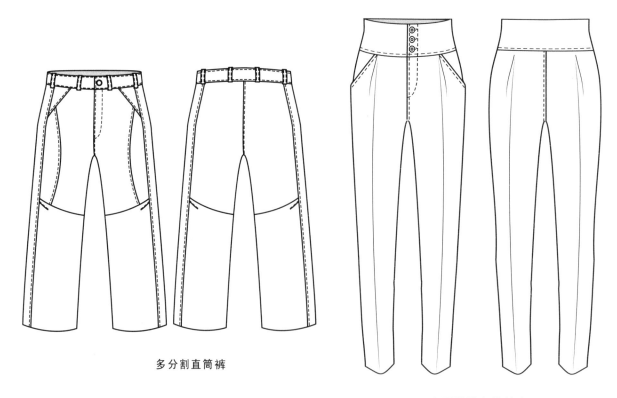

多分割直筒裤

高腰插袋直筒长裤

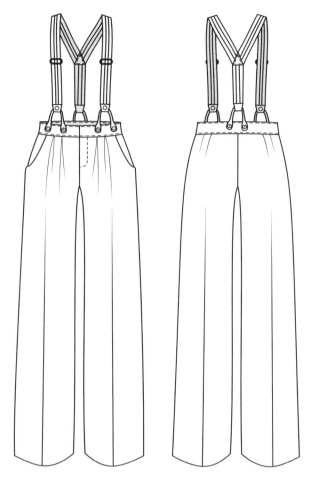

低腰褶裥类阔腿背带裤

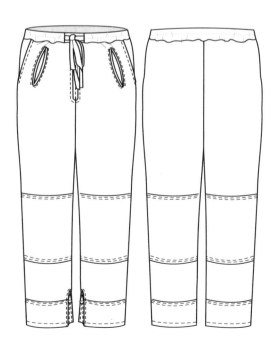

低腰腰部系带脚口拉链装饰分割类长裤

中腰脚口抽褶类九分裤

多补丁流苏休闲裤

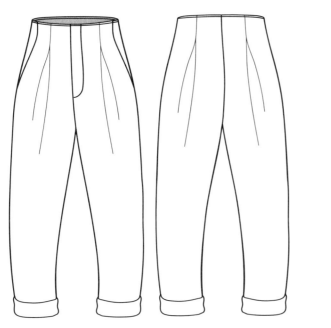

低腰腰部褶裥脚口外翻类长裤

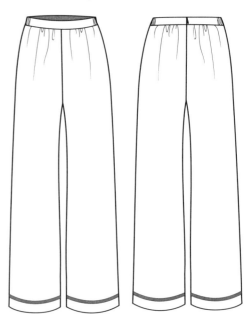

低腰腰侧松紧抽皱类阔腿裤

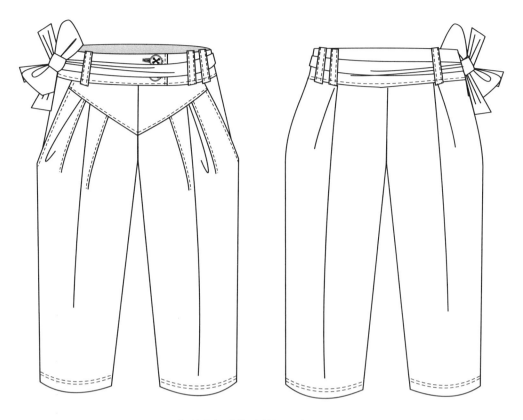

中腰腰间系带分割褶裥类六分裤

低腰腰带装饰分割类直筒长裤

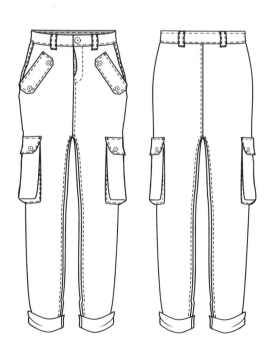

低腰有袋盖腿侧贴袋脚口外翻类长裤

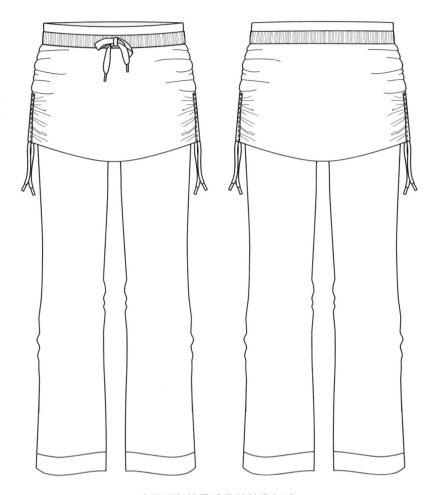

中腰腰部松紧系带抽皱类裙裤

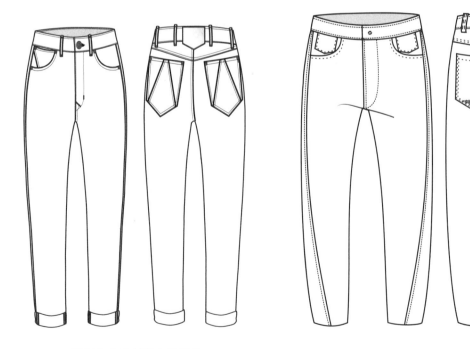

低腰育克分割类直筒长裤

分割类直筒牛仔裤

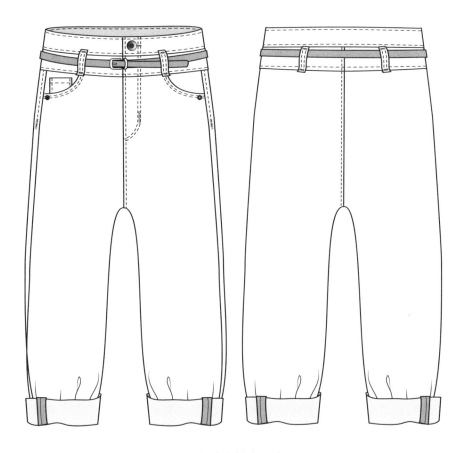

分割类直筒牛仔裤

低腰褶裥脚口抽皱类八分裤

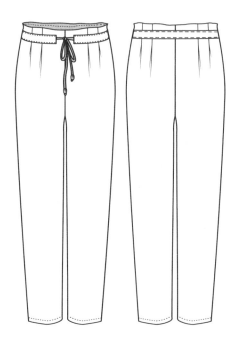

低腰腰部系结褶裥类长裤

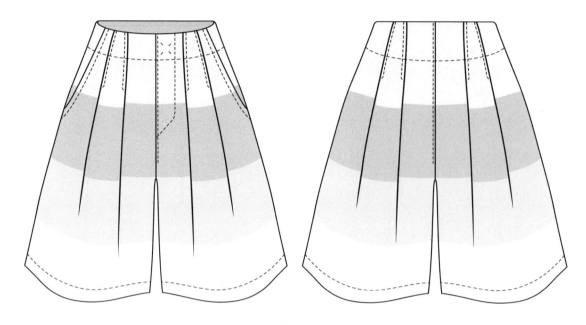

中腰褶裥类六分阔腿裤

口袋抽褶腰部钉扣短裤

翻脚口系腰带短裤

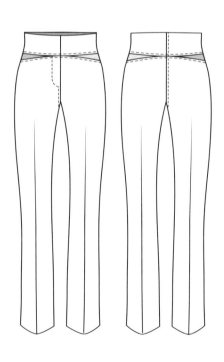

高腰分割类长裤

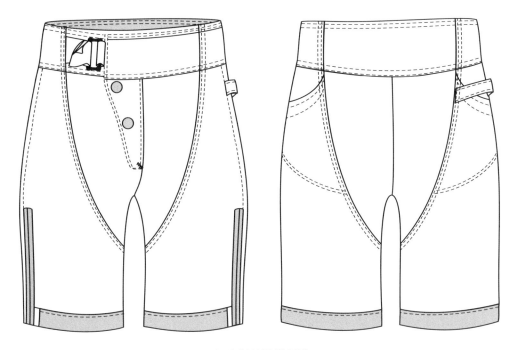

多分割斜门襟短裤

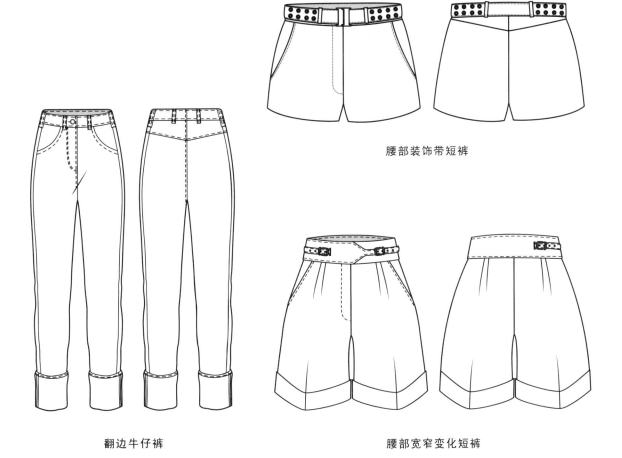

腰部装饰带短裤

翻边牛仔裤

腰部宽窄变化短裤

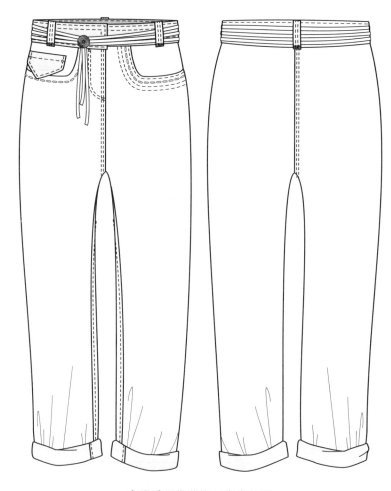

高腰系腰带装饰月亮袋长裤

高腰腰部不规则系带插袋类长裤

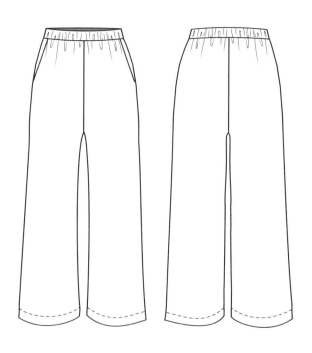

低腰腰部松紧抽皱类阔腿裤

宽腰头侧缝抽带休闲裤

高腰系腰带褶裥类长裤

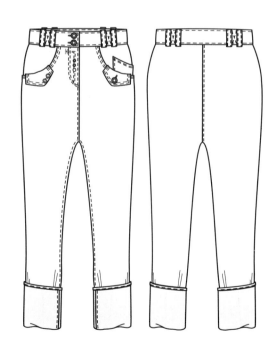

高腰小脚装饰月亮袋长裤

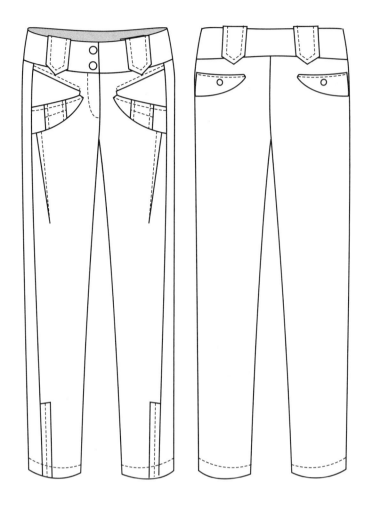

月牙形口袋直筒裤

翻腰片系带直筒裤

高腰腰部断开直筒类长裤

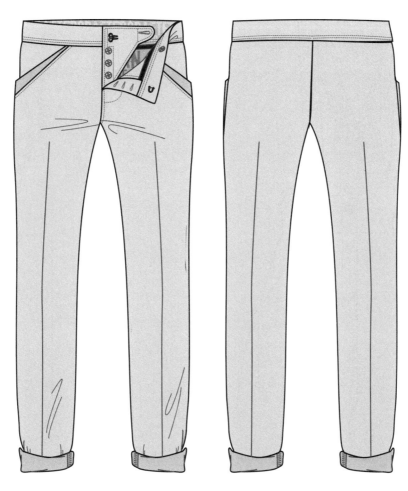

简单休闲裤

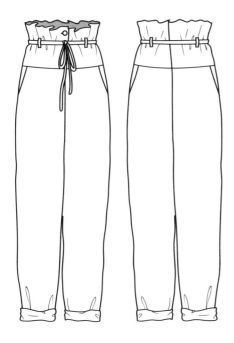

高腰腰部系带抽皱脚口外翻类长裤

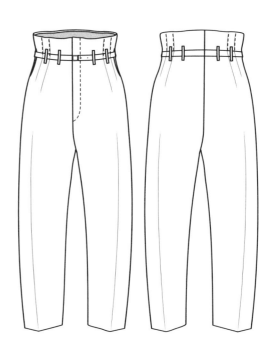

高腰腰部系带褶裥类长裤

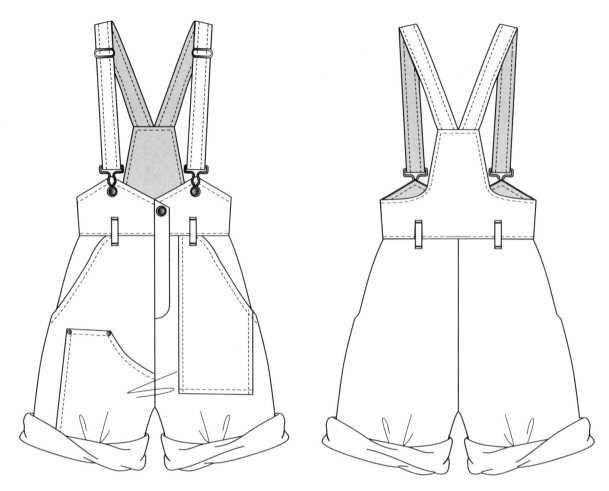

卷边不对称口袋压线牛仔背带连体裤

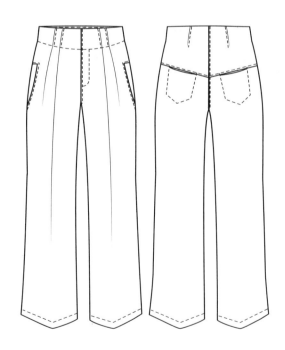

高腰腰部褶裥类阔腿裤

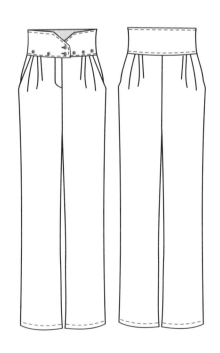

高腰腰部褶裥钮扣装饰类长裤

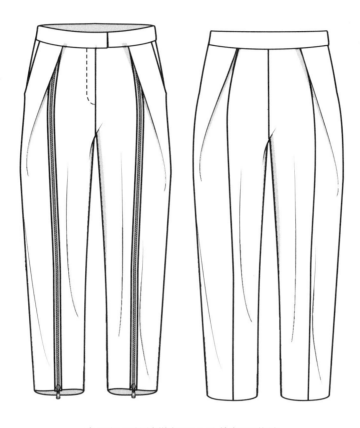

中腰褶裥拉链微阔腿七分休闲西装裤

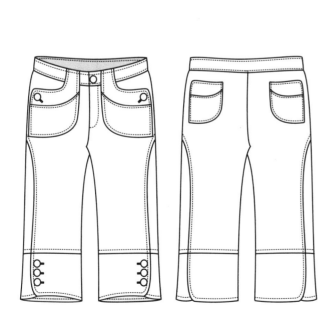

裤脚口装饰扣直筒七分裤

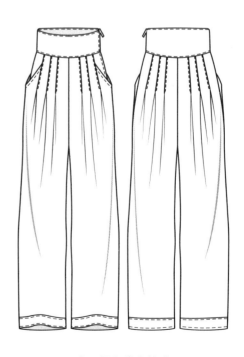

高腰褶裥类直筒裤

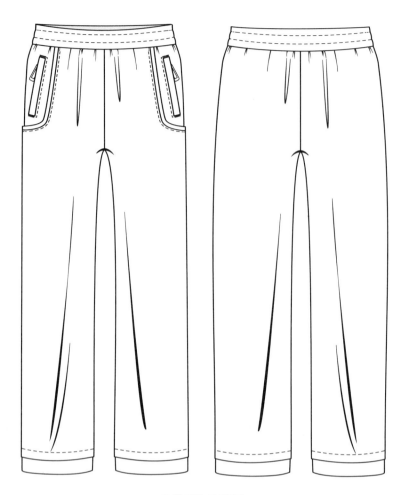

口袋装饰直筒裤

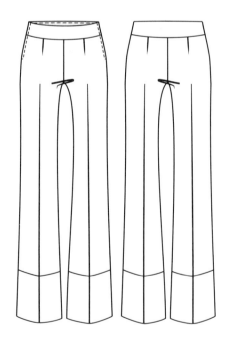

高腰直筒裤

多分割类装饰花直筒裤

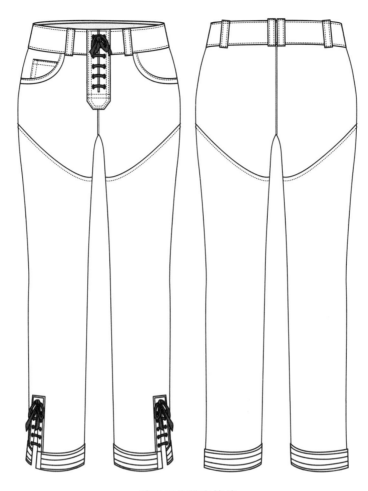

裤脚口绑带直筒裤

假两件直筒七分裤

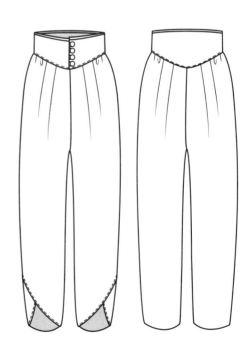

高腰钮扣装饰脚口花边类长裤

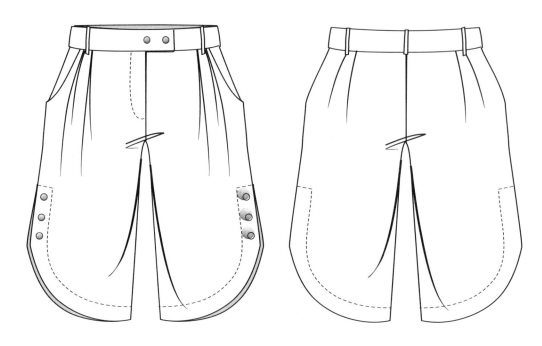

褶裥类宽松阔腿裤

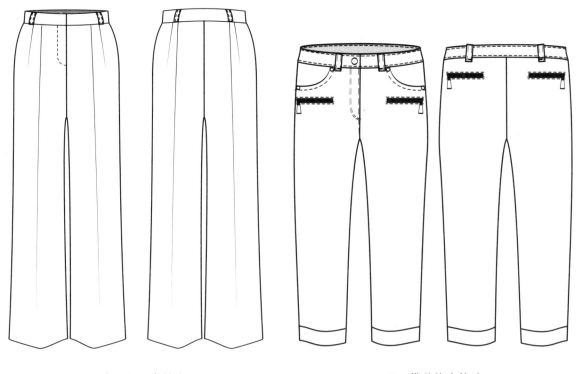

中腰褶裥类长裤　　　　　　　四口袋装饰直筒裤

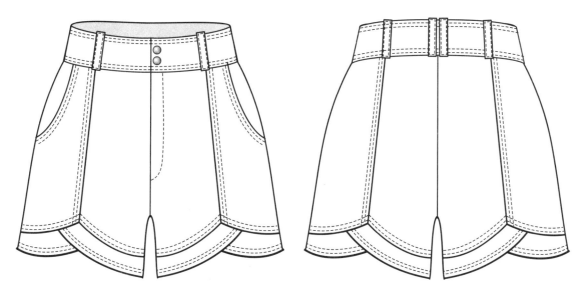

裤脚口弧线层次装饰短裤

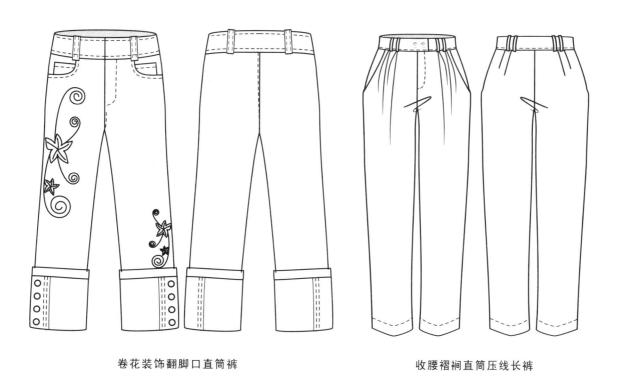

卷花装饰翻脚口直筒裤

收腰褶裥直筒压线长裤

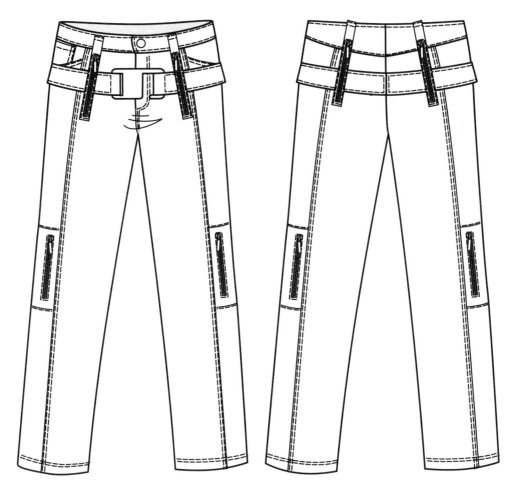

胯部装饰皮带直筒裤

高腰褶裥类阔腿裤

胯部立体装饰片直筒裤

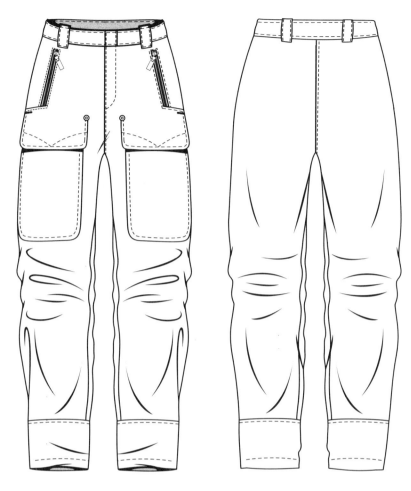

拉链大袋压线褶裥长裤

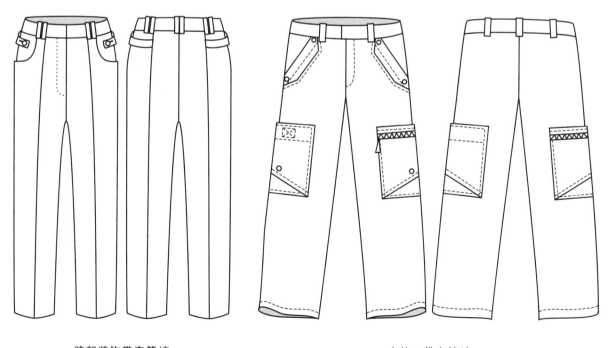

胯部装饰带直筒裤

立体口袋直筒裤

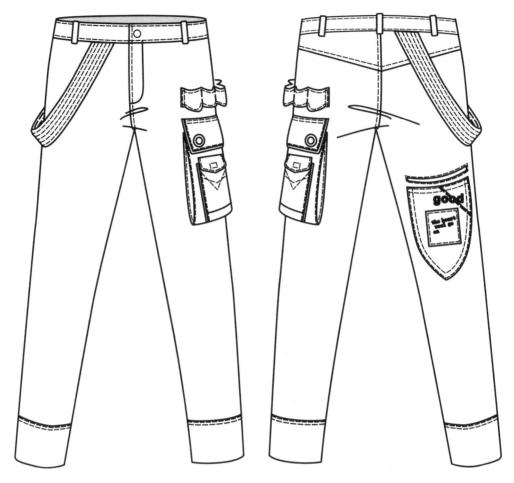

立体口袋脚口拼接直筒裤

拉链装饰牛仔裤

宽松压线七分运动裤

毛边牛仔裤

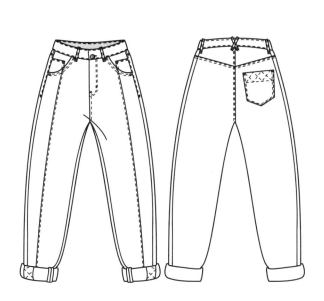

七分翻边牛仔裤

双排扣装饰直筒裤

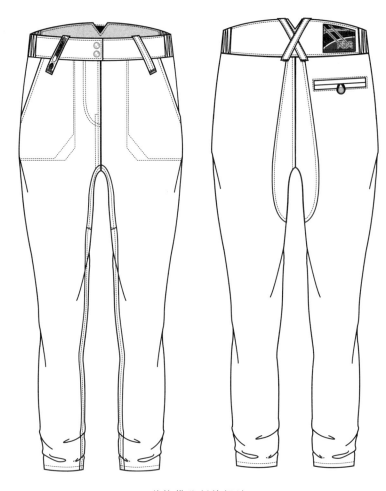

装饰袋分割休闲裤

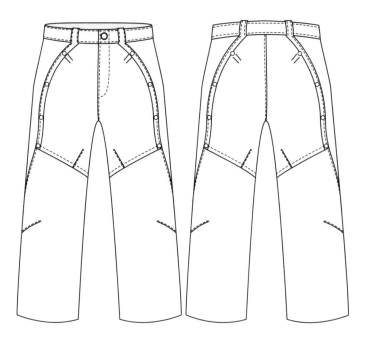

曲线分割直筒裤

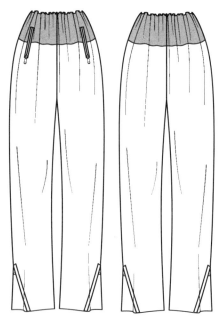

收腰抽褶拼接斜拉链长裤

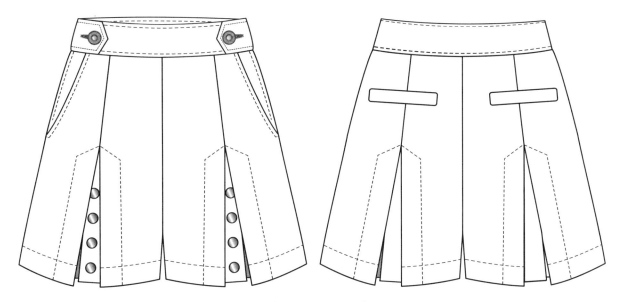

裤中缝钮扣装饰短裤

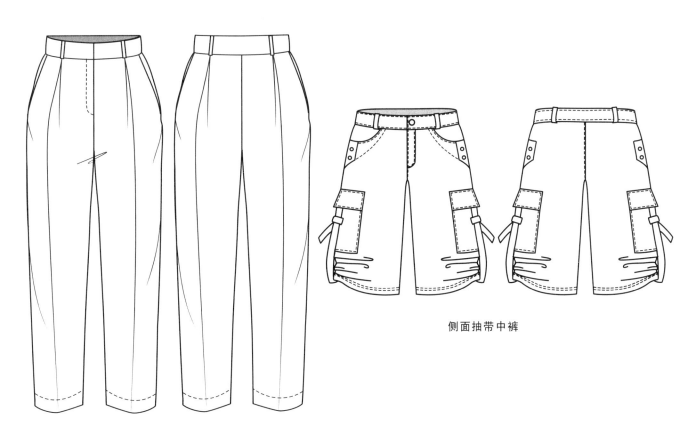

侧面抽带中裤

收腰宽松垮裤褶裥西装裤

波浪短裤

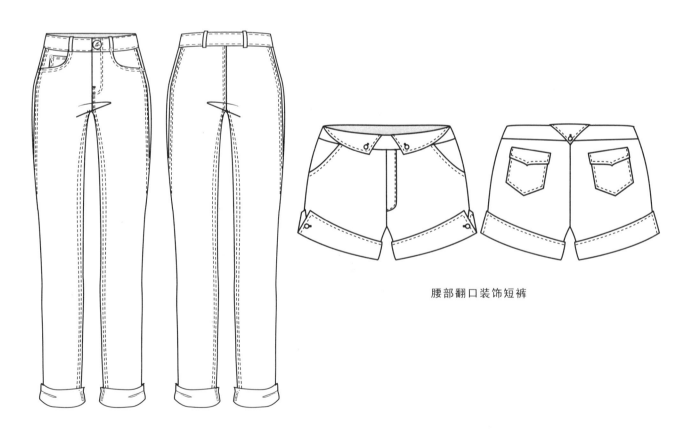

中腰直筒压线卷边长裤

腰部翻口装饰短裤

拼色运动及膝裤

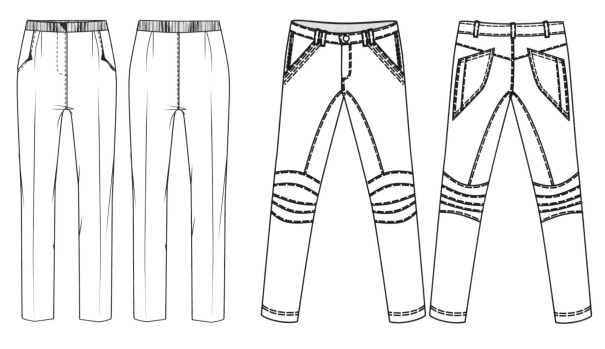

收腰褶裥直筒小脚裤

膝盖分割装饰直筒裤

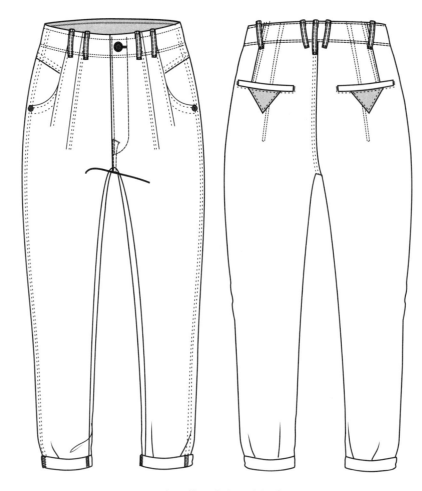

三角口袋翻边脚口牛仔裤

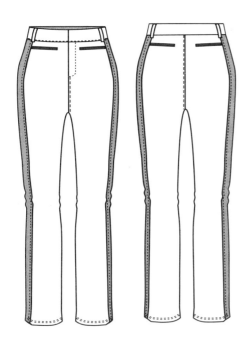

挖袋运动直筒类长裤

中腰褶裥直筒类长裤

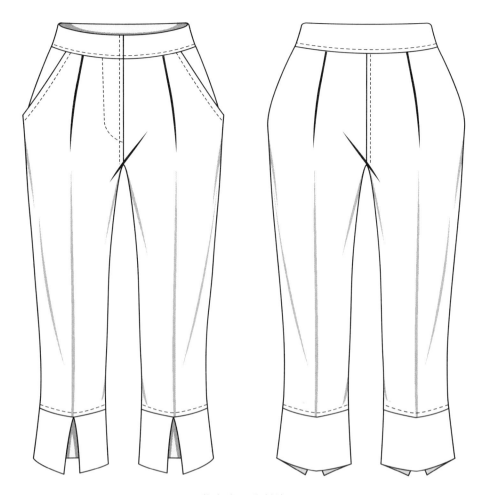

收省脚口分割裤

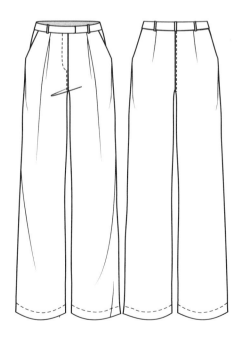

休闲中腰褶裥直筒长裤

中腰拉链褶裥大补丁压线七分裤

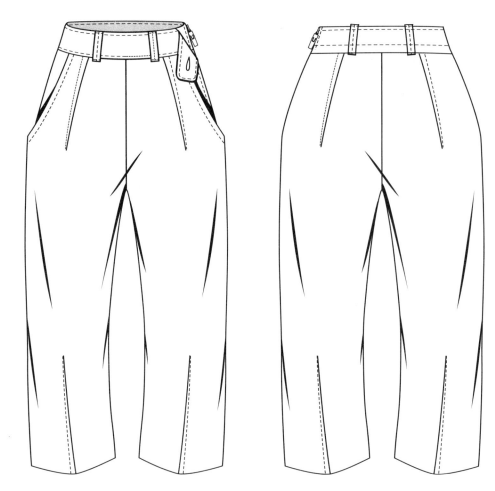

收省压线直筒裤

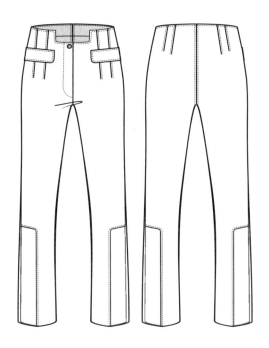

腰部个性分割直筒裤

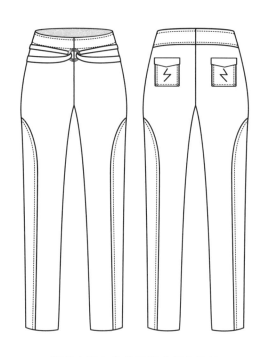

腰部金属扣装饰弧线分割直筒裤

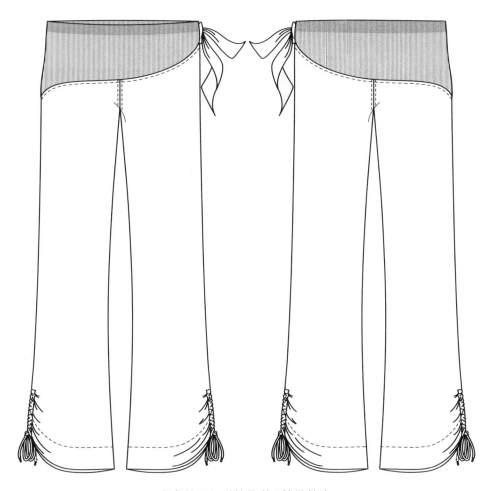

竖条纹不规则抽带喇叭抽褶长裤

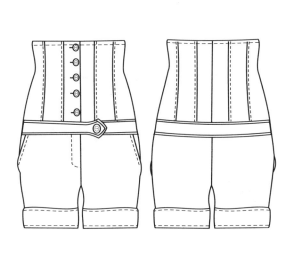

高腰臀部腰带装饰分割类短裤

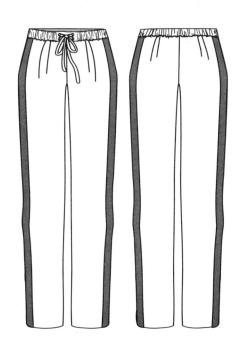

腰部松紧抽褶运动直筒类长裤

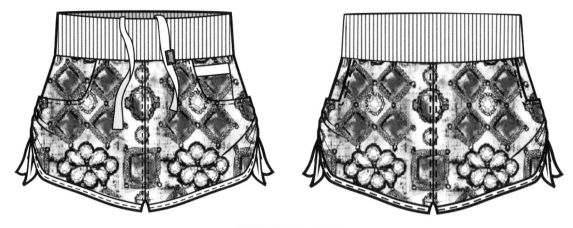

印花腰部系带小短裤

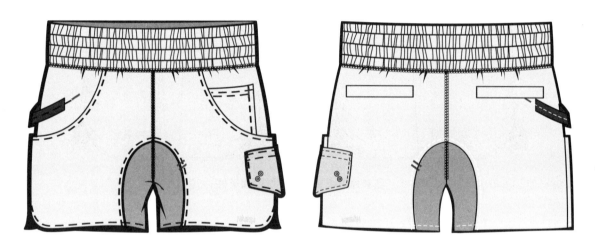

卡通小短裤

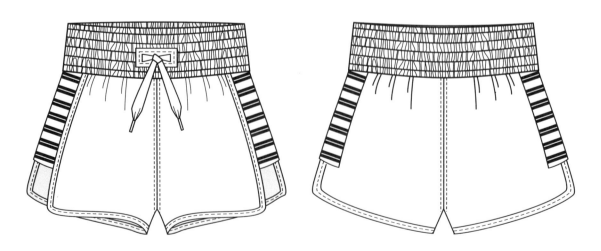

运动短裤

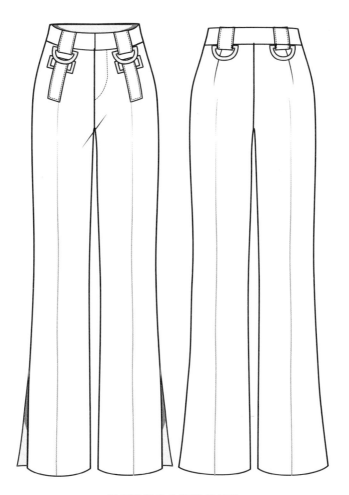

腰部搭襻装饰褶裥类长裤

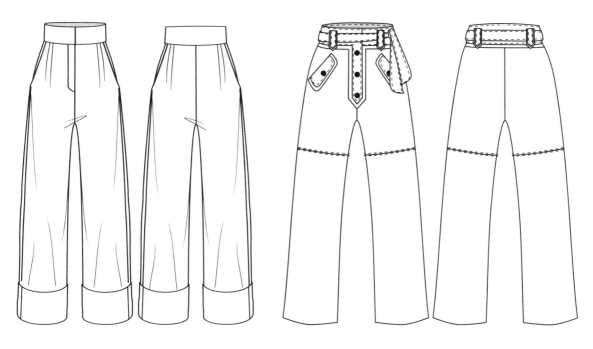

褶裥阔腿裤

腰部系带分割类直筒裤

双腰带压线卷脚口长裤

中腰贴袋脚口育克类短裤

细腰带翻脚口直筒裤

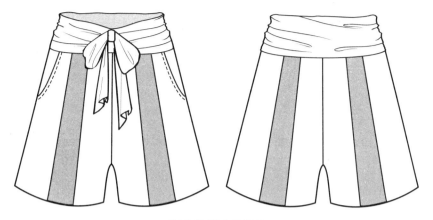

腰部蝴蝶系带短裤

侧腰部装饰扣短裤

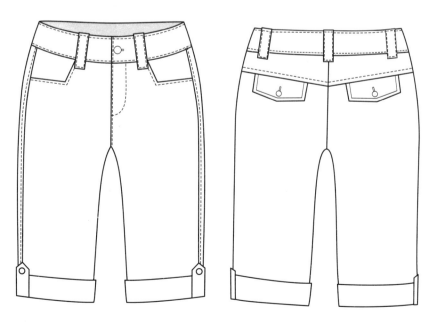

折线形口袋翻脚口中裤

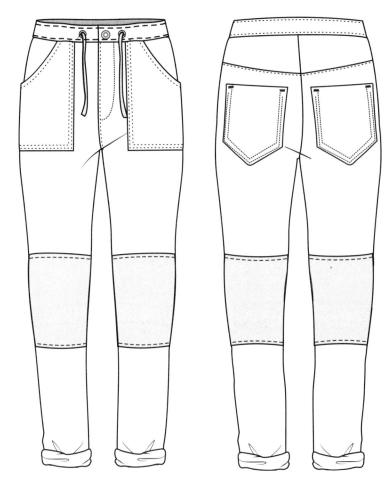

膝盖分割拼色牛仔裤

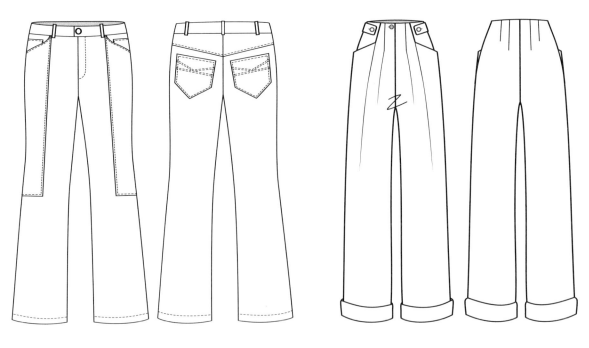

折线装饰小喇叭裤   褶裥阔腿裤

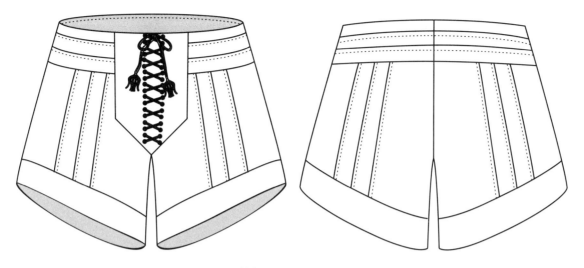

档部系带辑明线短裤

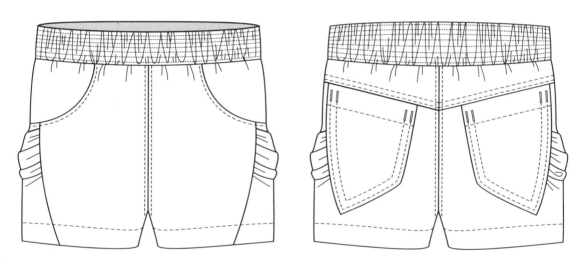

侧边抽褶装饰短裤

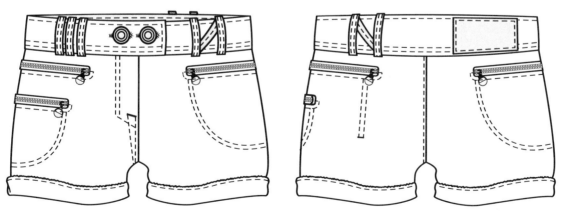

牛仔短裤

系带有口袋短裤

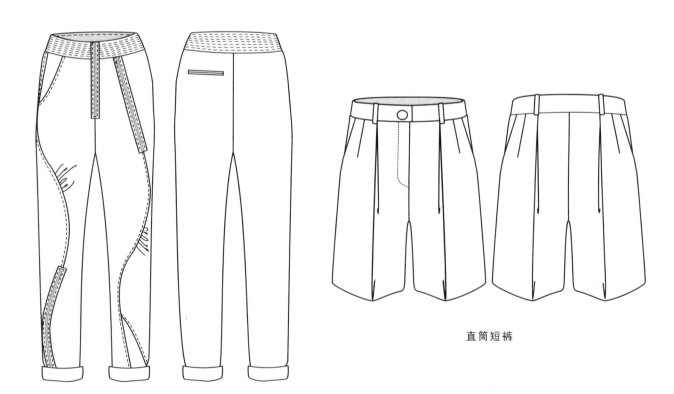

中腰左右片不对称分割拉链装饰抽褶长裤

直筒短裤

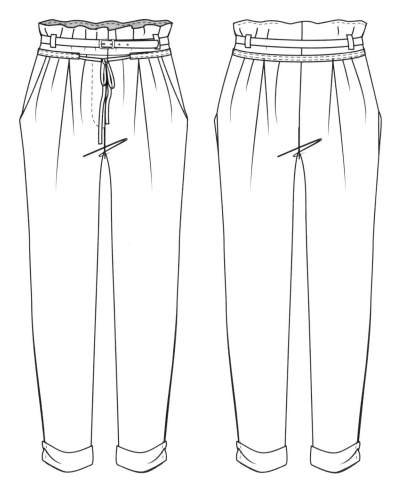

系细腰带高腰脚口翻边休闲裤

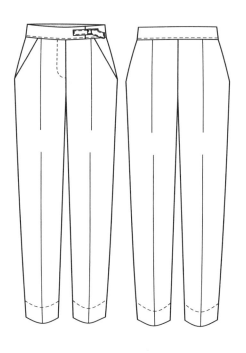

中腰直筒类长裤

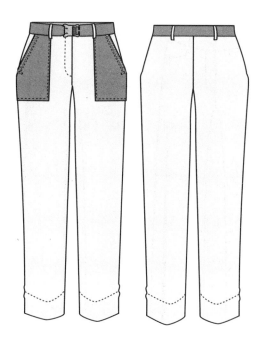

中腰直筒类长裤

腰部抽褶系带直筒裤

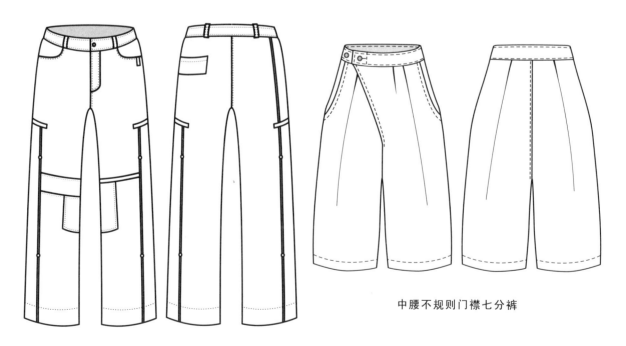

直线多分割直筒裤

中腰不规则门襟七分裤

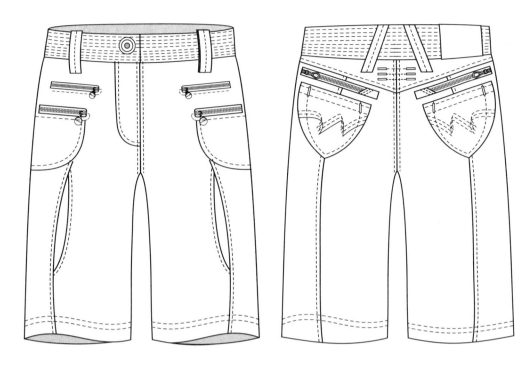

双拉链中裤

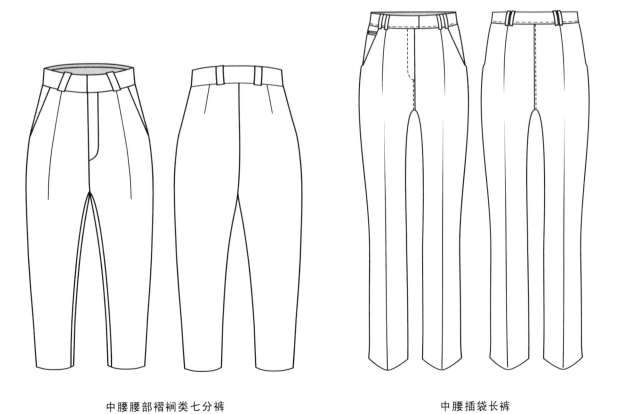

中腰腰部褶裥类七分裤

中腰插袋长裤

腰部松紧七分工装裤

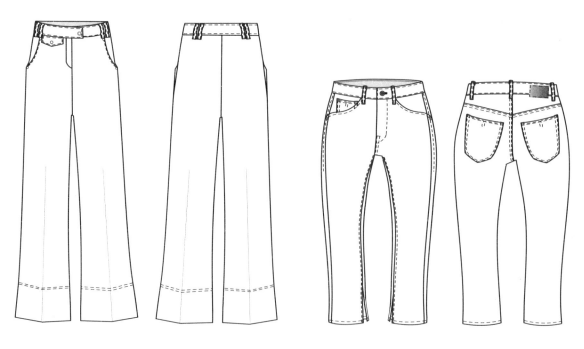

中腰插袋类阔腿裤

中腰分割类七分裤

高腰斜插袋短裤

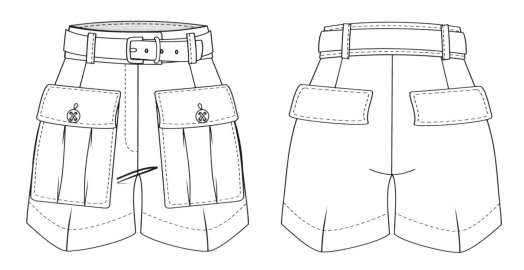

方形口袋短裤

拼花腰部系带短裤

腰侧边抽褶系腰带中裤

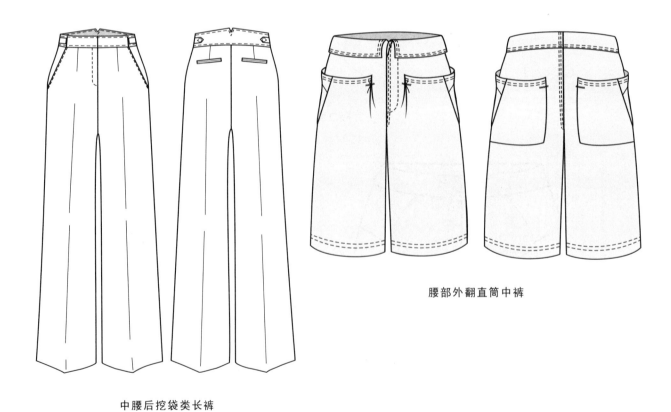

腰部外翻直筒中裤

中腰后挖袋类长裤

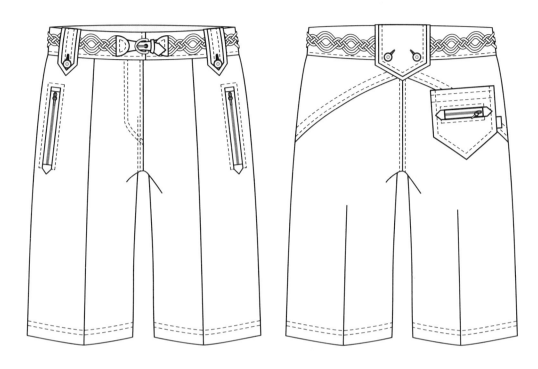

腰带拉链中裤

中腰脚口外翻类长裤　　　　　　　　中腰脚口外翻钮扣装饰类长裤

系带短裤

分割口袋装饰短裤

蕾丝贴边短裤

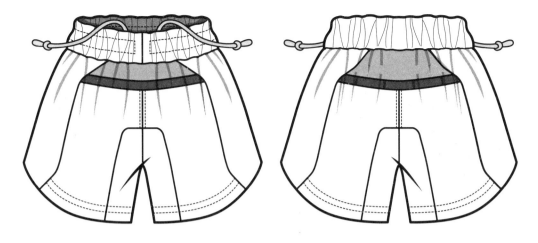

腰部松紧带短裤

双拉链短裤

蝴蝶结花边短裤

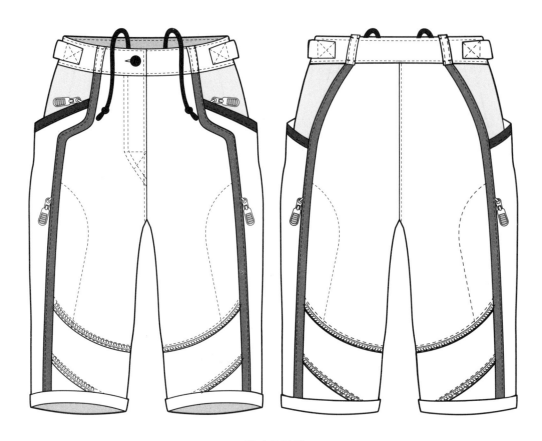

运动及膝裤

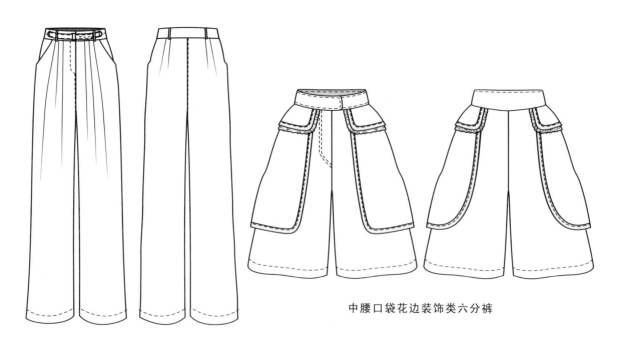

中腰前腰腰带装饰长裤

中腰口袋花边装饰类六分裤

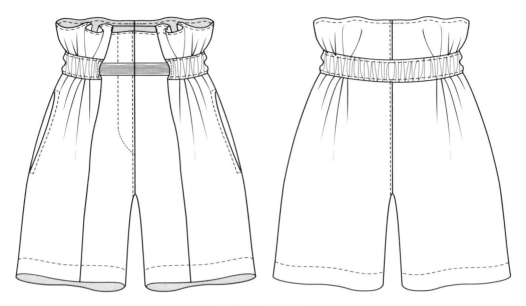

腰部皮筋褶皱短裤

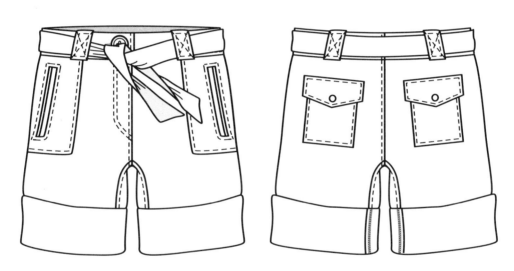

工装短裤

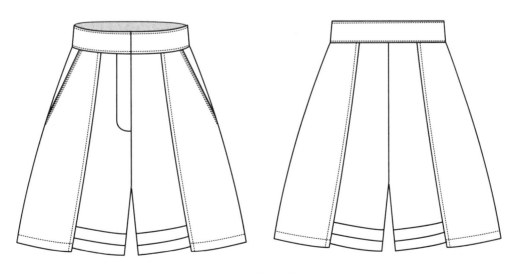

假两件裙裤

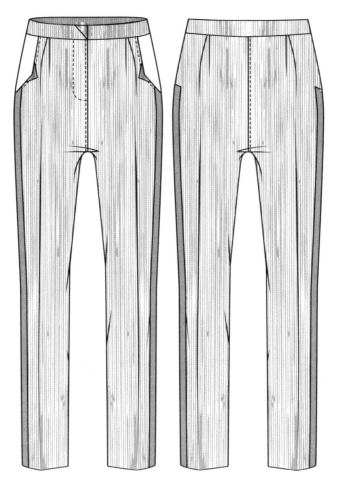

直筒中腰贴边西装裤

中腰脚口外翻左右不对称六分裤

直筒系带休闲运动长裤

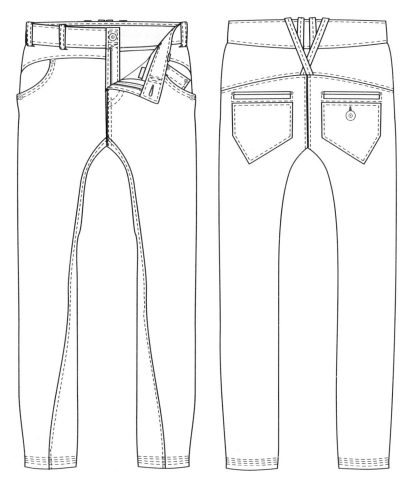

中腰分割类九分裤

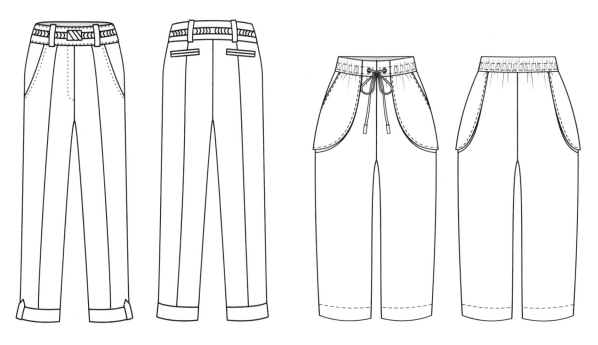

装饰腰带翻脚边直筒裤

中腰腰部系带抽皱类八分裤

中腰脚口外翻类七分裤

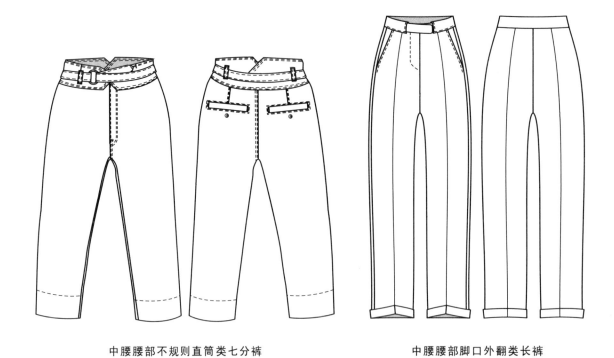

中腰腰部不规则直筒类七分裤　　　　　　中腰腰部脚口外翻类长裤

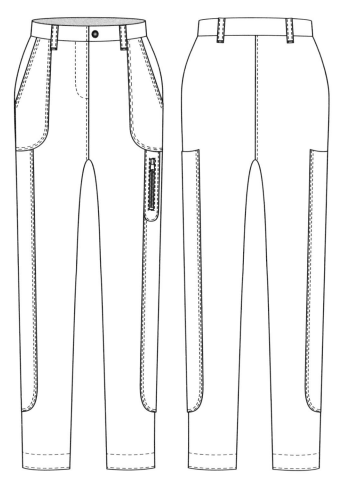

中腰裤腿拉链装饰分割类长裤

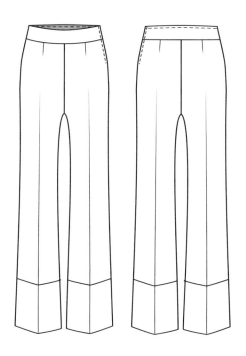

中腰腰部收省类长裤

中腰腰部松紧插袋脚口外翻类九分裤

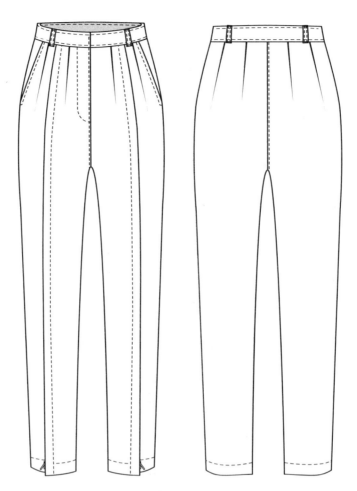

中腰前裤口处拉链装饰类长裤

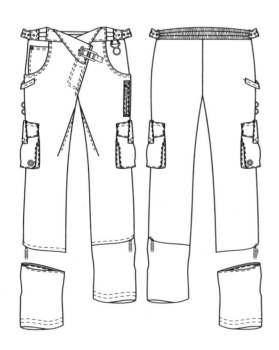

中腰腰部松紧裤腿贴袋裤管可拆卸类长裤

中腰腰部腰带贴袋脚口外翻类七分裤

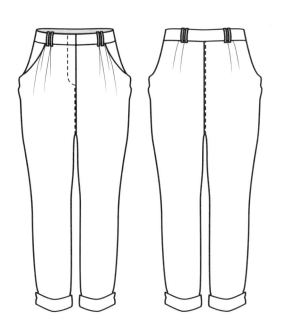

中腰腰部褶裥脚口外翻类九分裤

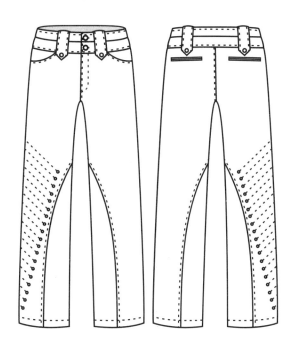

分割类长裤

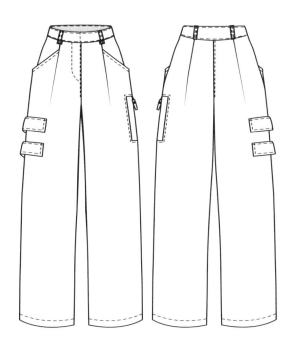

中腰腰部褶裥左右不对称类长裤

中腰腰部褶裥九分裤

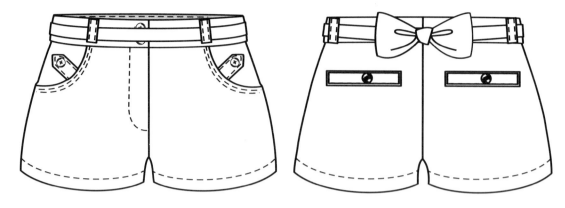

后腰蝴蝶结装饰短裤

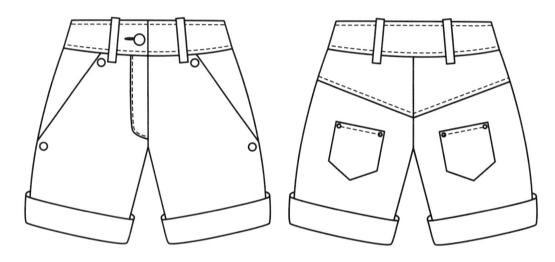

翻脚口斜插袋短裤

直筒及膝裤

第九章

款式图设计
（锥形裤）

侧缝花纹装饰铅笔裤

简约翻边牛仔七分裤

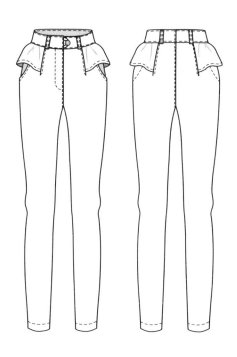

A型紧身裤

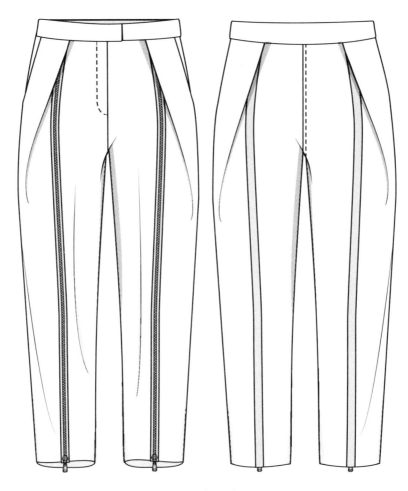

打褶九分裤

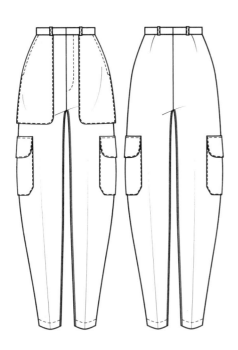

O型萝卜裤

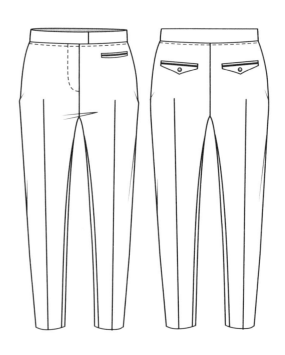

不对称口袋西装裤

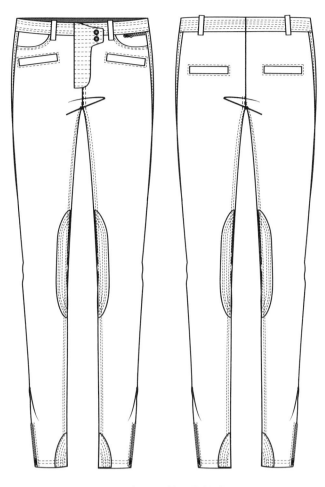

低腰个性门襟压线长裤

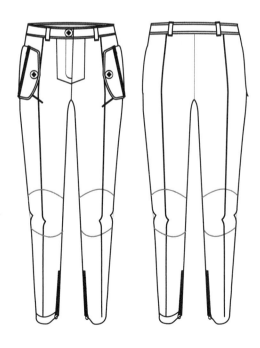

侧翻带盖装饰小脚裤

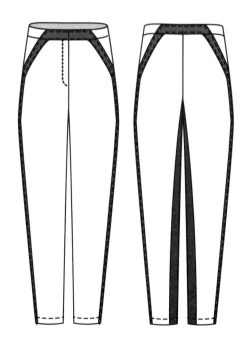

侧缝拼色铅笔裤

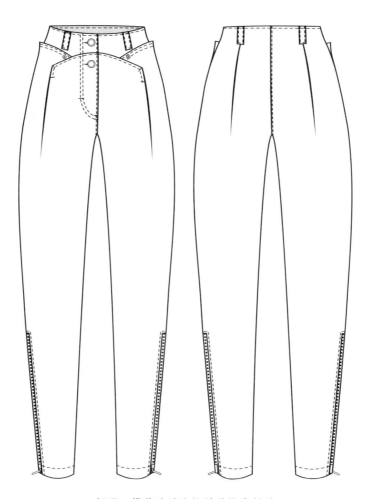

低腰口袋花边裤脚拉链装饰类长裤

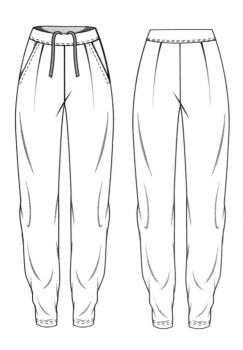

抽线收脚口压线长裤

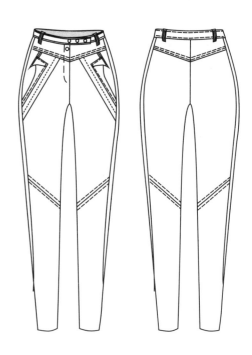

大腿部分割铅笔裤

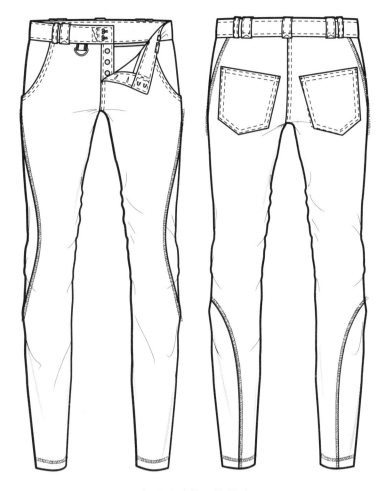

低腰连边线压线长裤

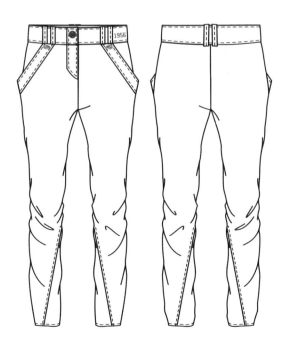

低腰脚口斜边压线微垮长裤

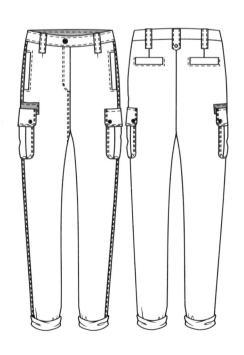

低腰腿侧贴袋脚口外翻类长裤

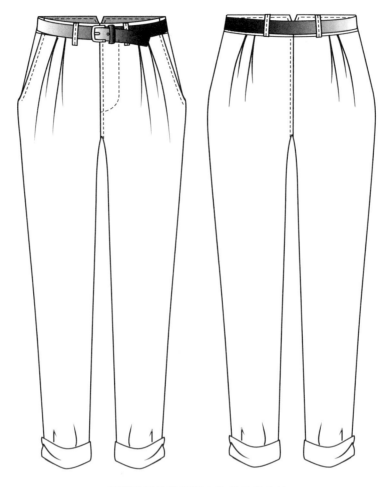

低腰系腰带褶裥脚口外翻类八分裤

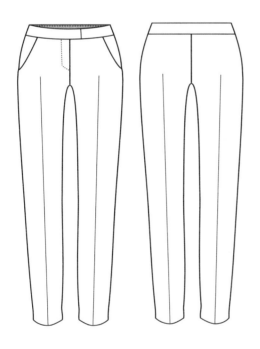

低腰小脚裤

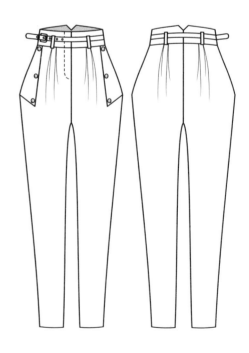

高腰褶裥萝卜裤

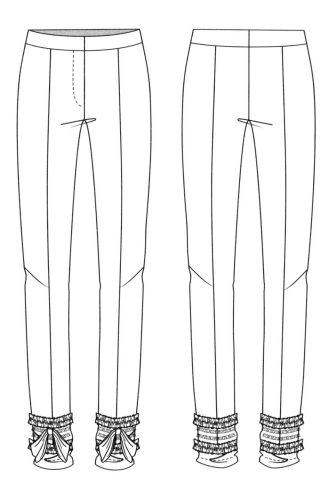

简洁螺口脚口长裤

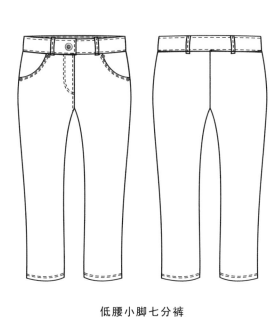

低腰小脚七分裤

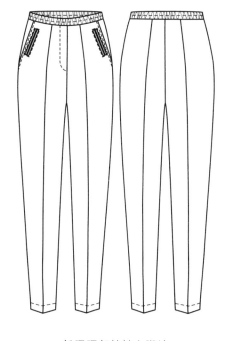

低腰腰部抽皱小脚裤

脚口直线装饰扣直筒裤

低腰腰部花边装饰类长裤

低腰腰部褶裥分割类七分裤

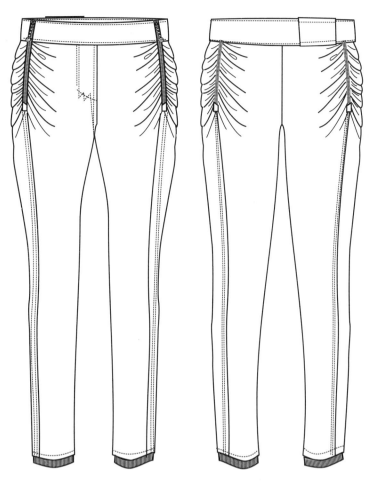

胯部垂直抽褶铅笔裤

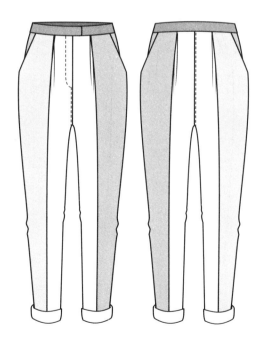

低腰腰部褶裥脚口外翻类长裤

低腰腰部褶裥类长裤

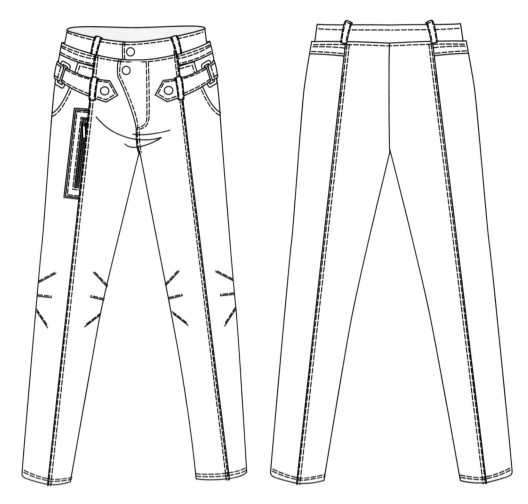

胯部带装饰襻直筒工装裤

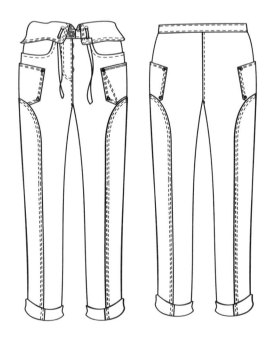

低腰腰头外翻分割类长裤

低腰褶裥脚口外翻直筒类长裤

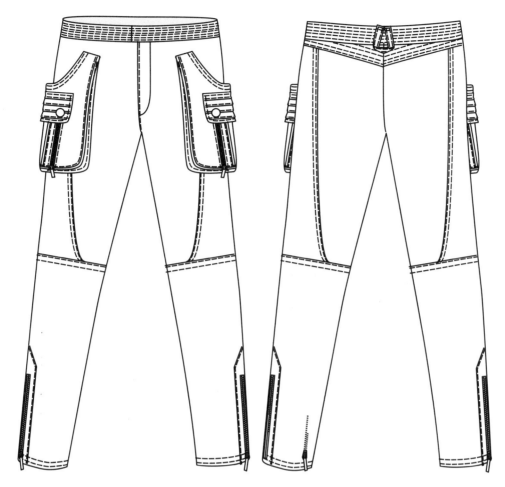

立体口袋拉链装饰工装裤

低腰褶裥类长裤

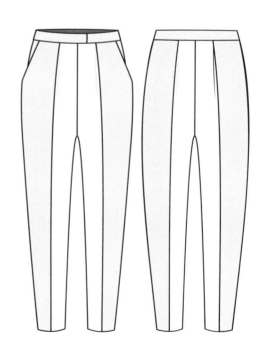

低腰褶裥类长裤

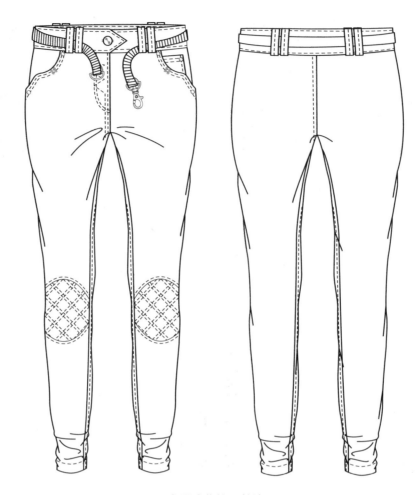

中腰膝盖补丁长裤

低腰褶裥类小脚裤

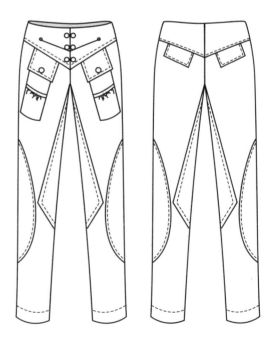

多分割类直筒裤

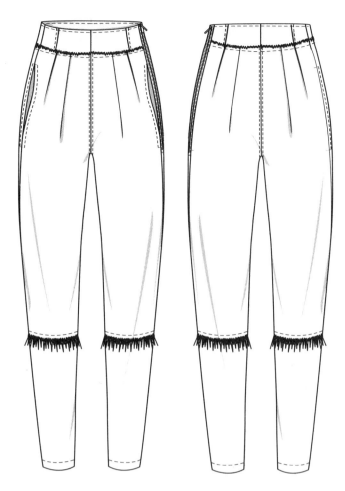

收腰压线拼接长裤

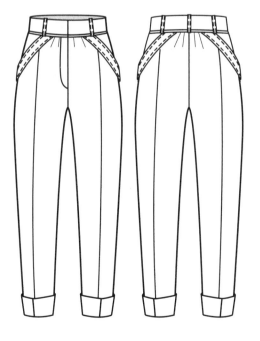

翻脚口西裤

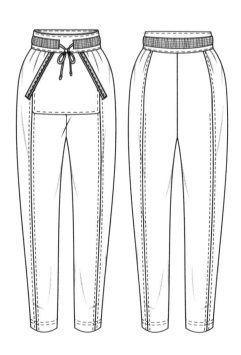

分割压线装饰裤

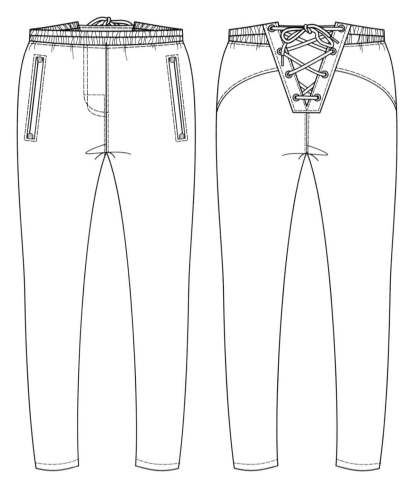

松紧腰后腰系带休闲裤

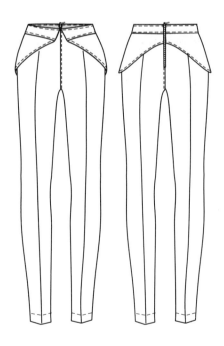

附片装饰小脚裤

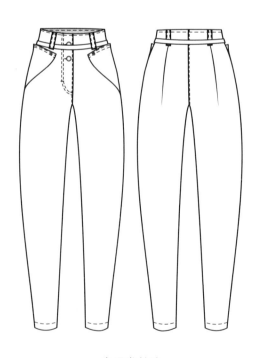

高腰类长裤

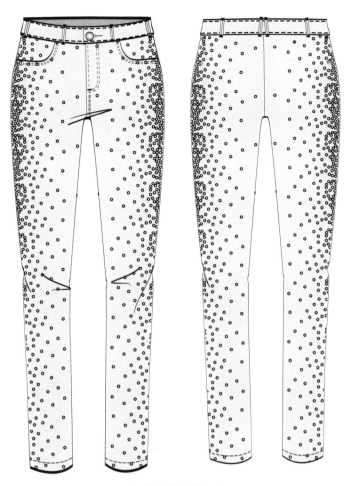

小钻石装饰紧身裤

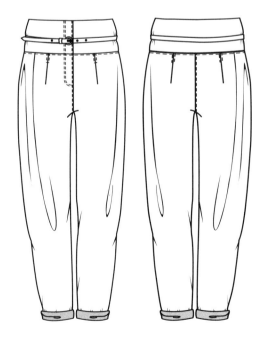

高腰皮带宽松卷边长裤

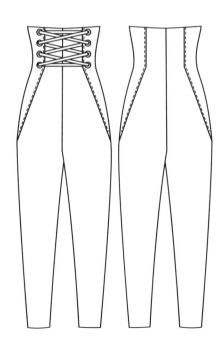

高腰前腰部系带装饰类小脚裤

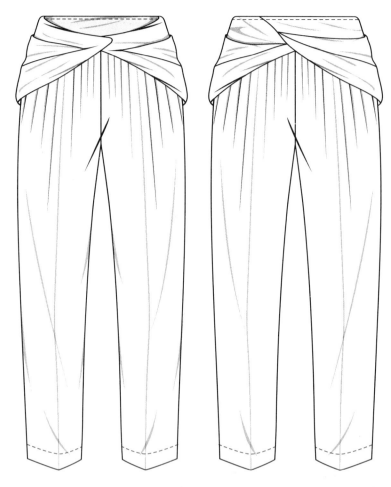

腰部抽褶裤

高腰前腰外翻褶裥类七分裤

高腰臀围腰带装饰类长裤

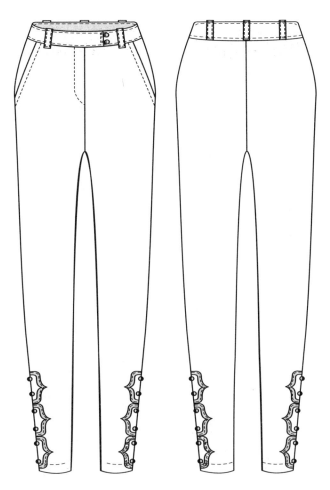

中腰脚口侧钮扣装饰长裤

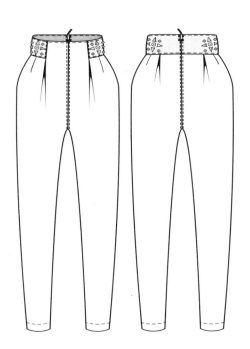

高腰腰部铆钉装饰腰后拉链装饰类长裤

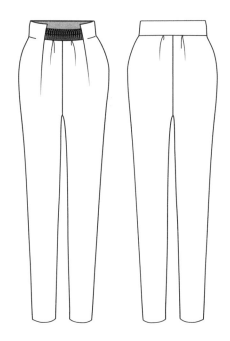

高腰腰部褶裥类长裤

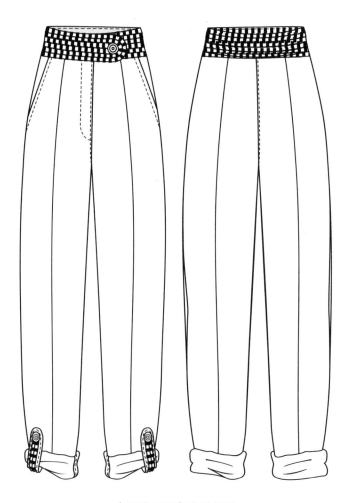

中腰脚口育克外翻长裤

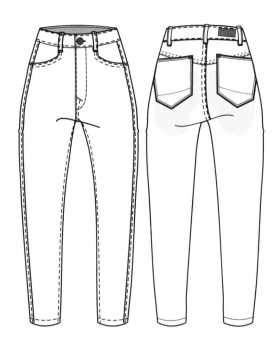

简单修身牛仔裤

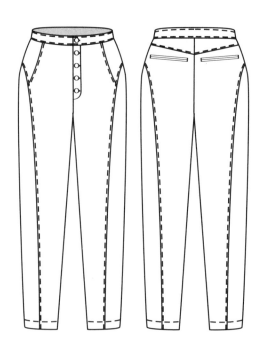

弧线分割铅笔裤

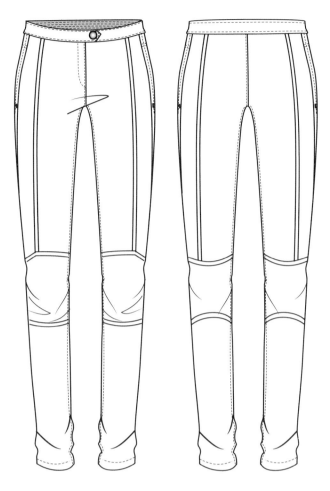

中腰紧身分割拼接长裤

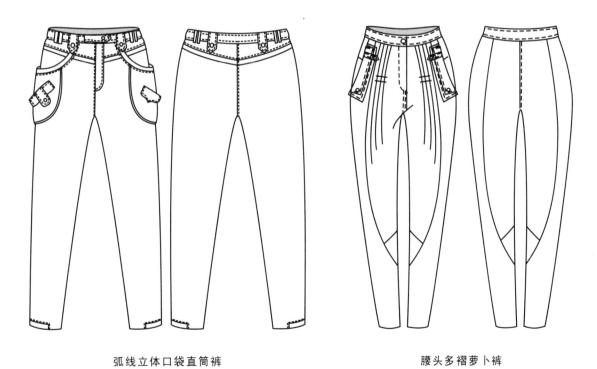

弧线立体口袋直筒裤

腰头多褶萝卜裤

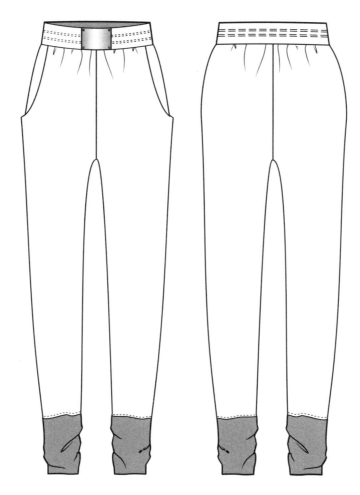

中腰腰部松紧脚口抽皱类小脚裤

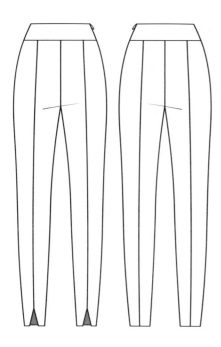

简洁分割小三角脚口长裤

经典常规小脚裤

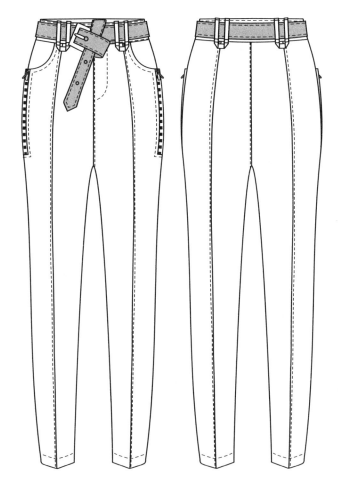

中腰腰部系腰带裤腿侧拉链装饰类小脚裤

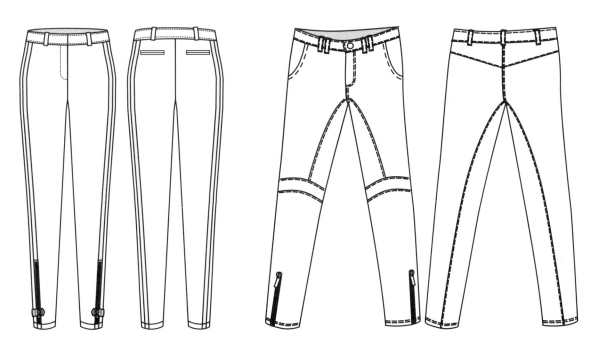

裤脚口搭襻装饰铅笔裤　　　　　　裤脚口拉链装饰小脚裤

中腰腰部腰带装饰分割类长裤

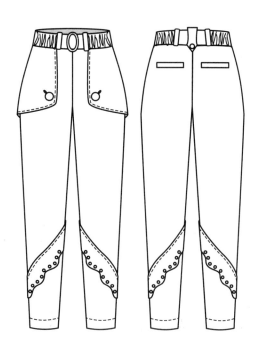

裤身花边装饰直筒裤

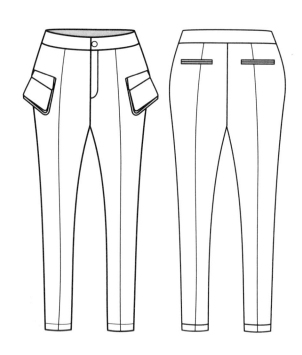

立体口袋铅笔裤

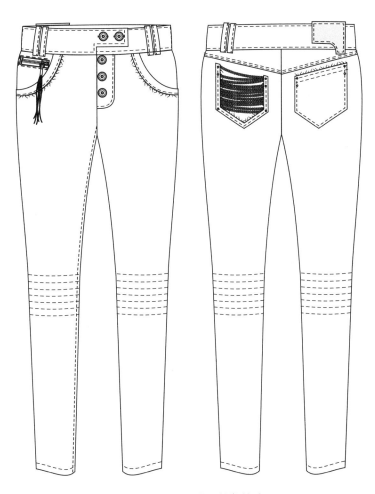

中腰腰头不规则分割类长裤

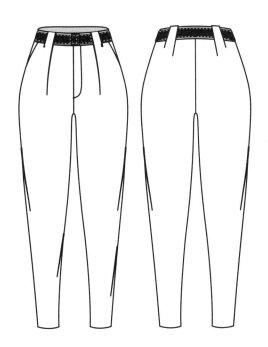

连腰式系皮带铅笔裤

七分裤

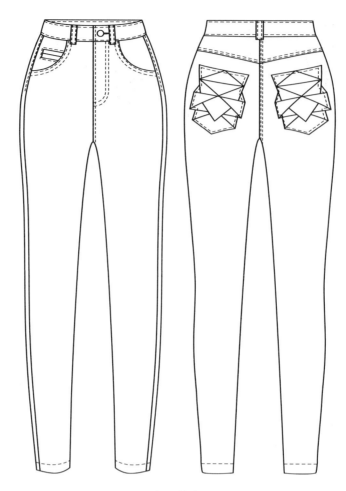

中腰长裤

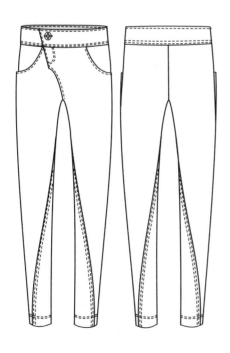

斜门襟牛仔裤

斜门襟牛仔萝卜裤

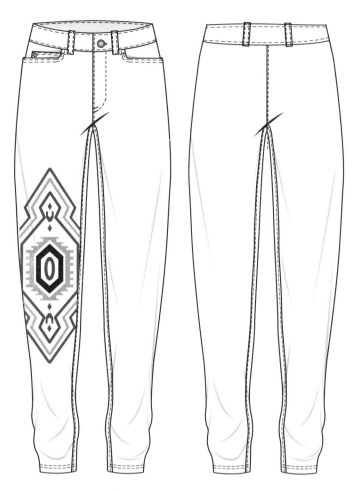

中腰不对称花纹压线长裤

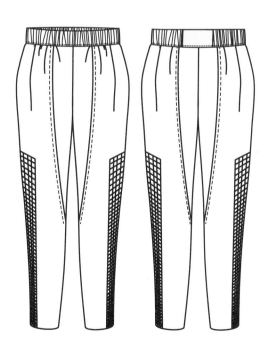

腰部抽皱腿侧装饰长裤

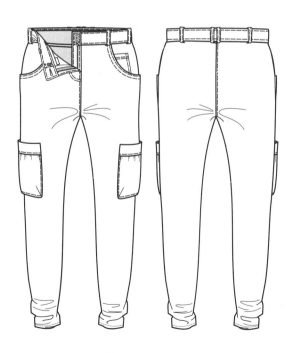

贴袋装饰插袋休闲裤

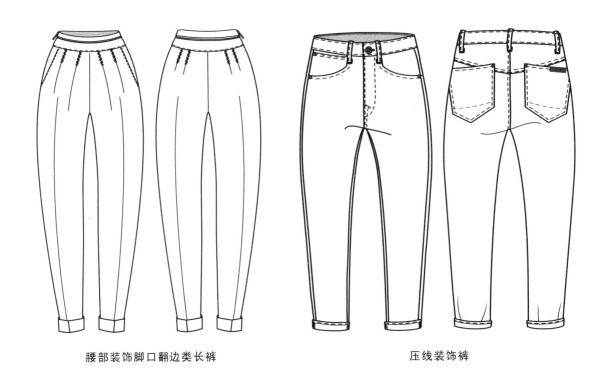

腰部装饰脚口翻边类长裤　　　　　　　　　压线装饰裤

系带装饰休闲裤　　　　　　　　　　小脚九分裤

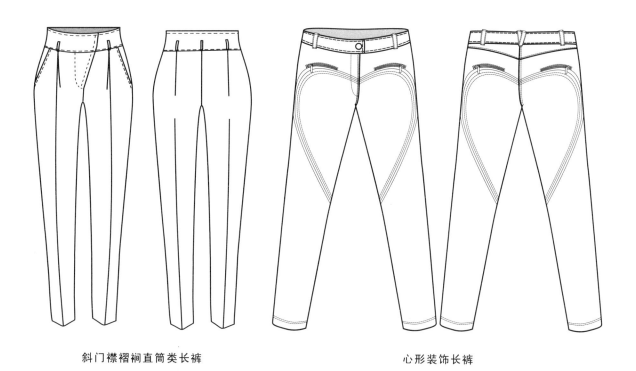

斜门襟褶裥直筒类长裤　　　　　　　心形装饰长裤

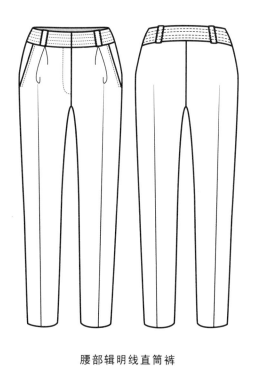

腰部辑明线直筒裤

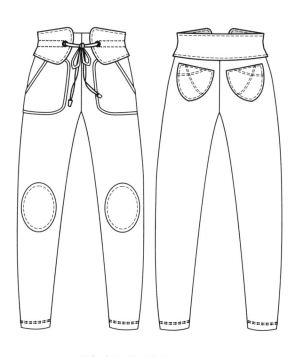

腰部宽腰带系带装饰铅笔裤

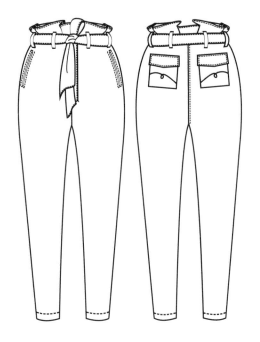

腰部系蝴蝶结萝卜裤

腰部褶裥直筒类长裤

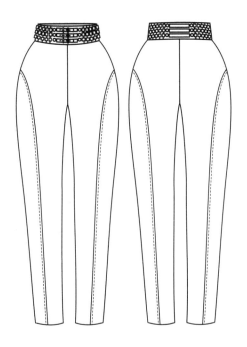

腰部珠子装饰铅笔裤

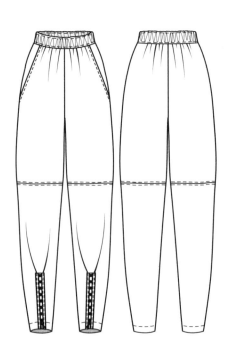

中腰腰部松紧抽皱脚口拉链装饰类长裤

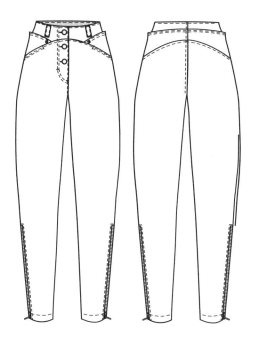

褶裥萝卜裤

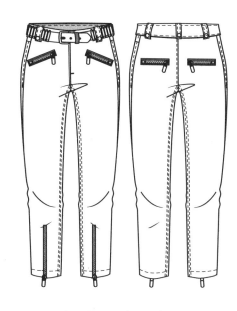

中腰个性拉链压线九分裤

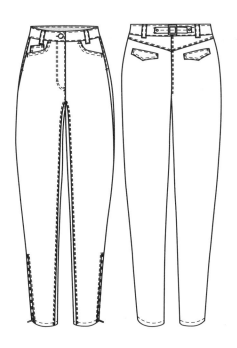

中腰后腰腰带脚口拉链装饰小脚裤

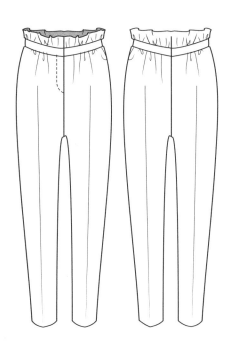

中腰花边褶裥类小脚裤

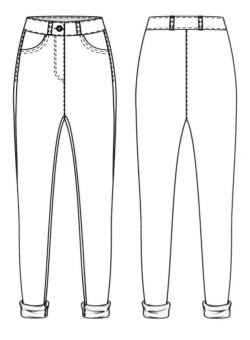

中腰脚口外翻分割类长裤

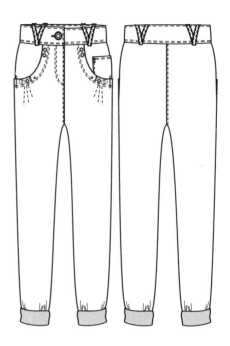

中腰脚口外翻类长裤

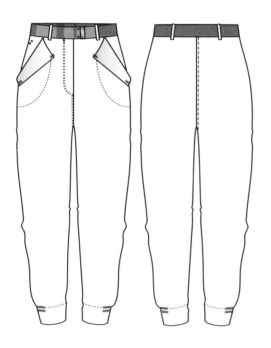

中腰口袋外翻脚口收小类长裤

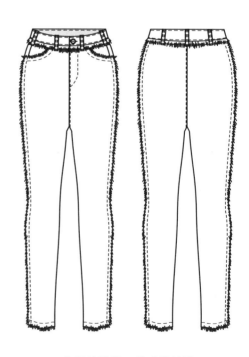

中腰裤腿脚口做毛类长裤

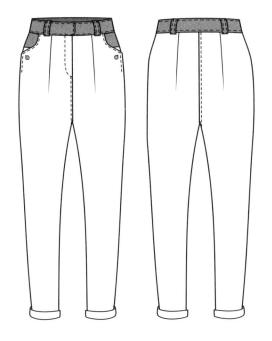

中腰腰部褶裥脚口外翻类小脚裤

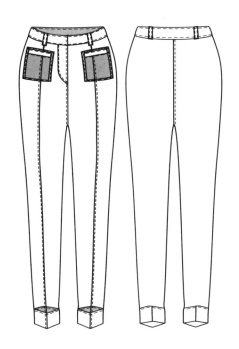

中腰前贴袋小脚裤

中腰挖袋门襟钮扣装饰类萝卜裤

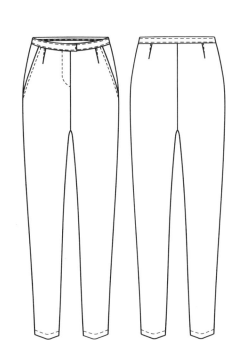

中腰腰部打省长裤

中腰腰侧一粒扣装饰脚口外翻类长裤

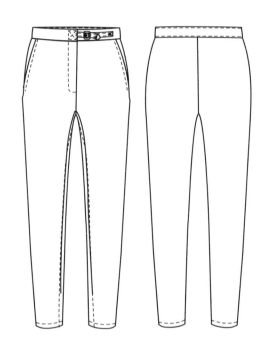

中腰腰头不规则类长裤

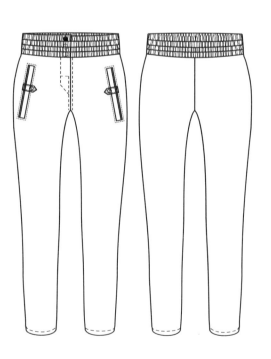

中腰腰部松紧斜插袋直筒类长裤

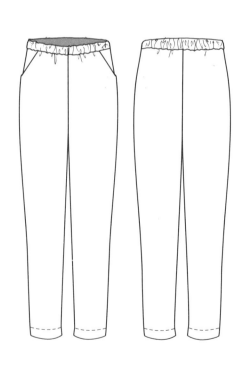

中腰腰部松紧直筒类长裤

中腰腰部褶裥脚口松紧类小脚裤

中腰腰侧钮扣装饰分割类七分裤

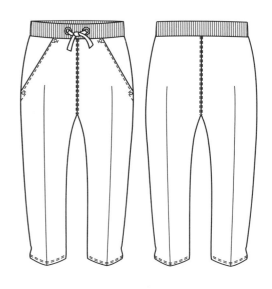

中腰腰部松紧系结类七分裤

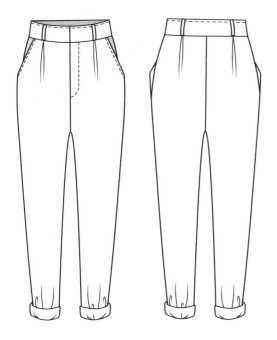

中腰腰部褶裥脚口外翻类长裤

中腰腰部松紧系带六分裤

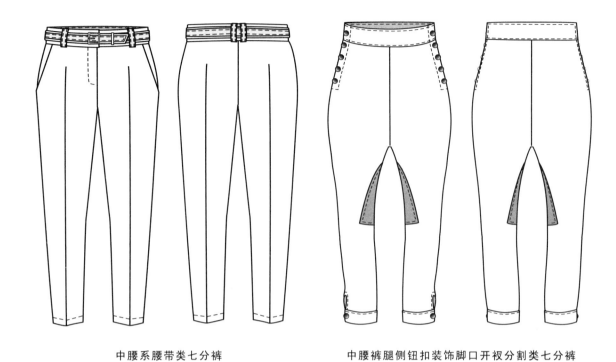

中腰系腰带类七分裤　　　　　　　　　中腰裤腿侧钮扣装饰脚口开衩分割类七分裤

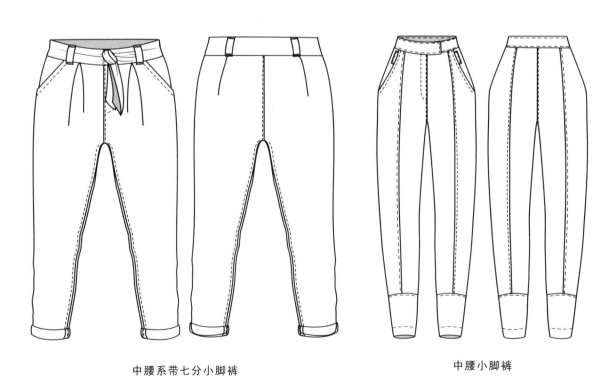

中腰系带七分小脚裤　　　　　　　　　　中腰小脚裤

第十章

款式图设计
（组合裤型）

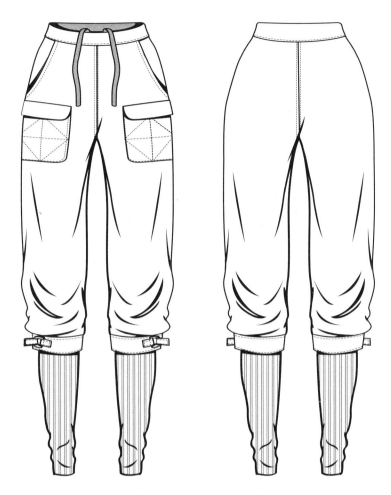

抽线腰压线口袋六分羊腿裤

侧胯部垂荡褶装饰小脚裤

假两件带蛋糕裙紧身裤

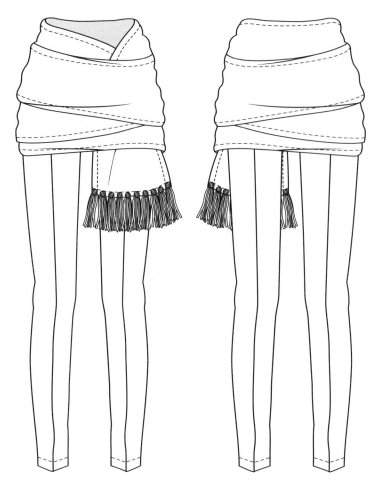

低腰假两件不对称流苏类长裤

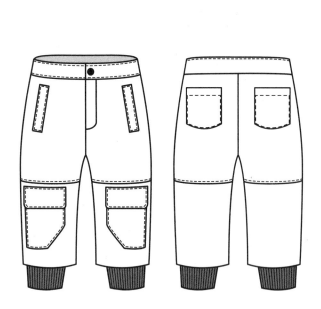

多口袋罗纹口裤脚五分裤

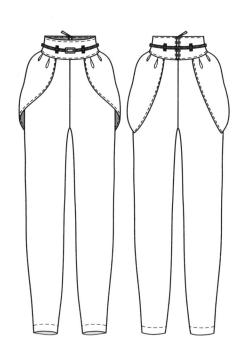

高腰腰带装饰裤腿侧荷叶边装饰类长裤

荷叶边装饰百褶裙裤

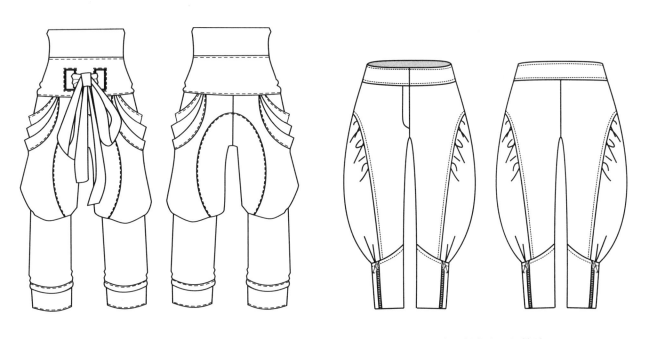

高腰腰间系结分割类灯笼裤　　　　弧线分割收脚口灯笼裤

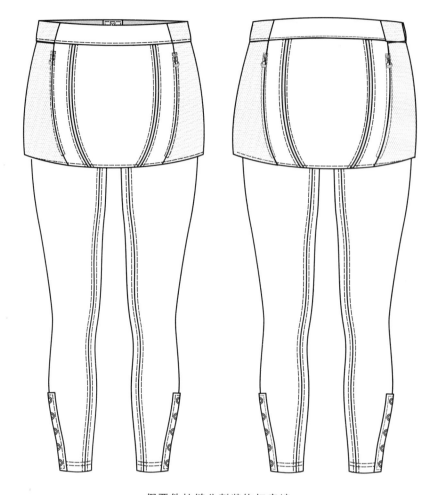

假两件拉链分割装饰打底裤

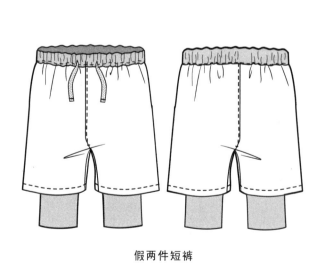

假两件短裤

口袋荷叶边装饰直筒裤

假两件长短搭配裤

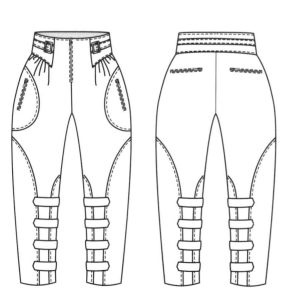

扣襻装饰七分裤

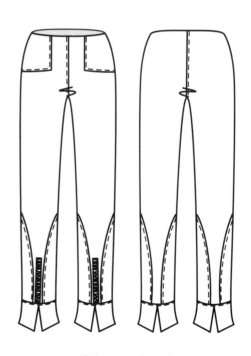

裤脚口开衩九分裤

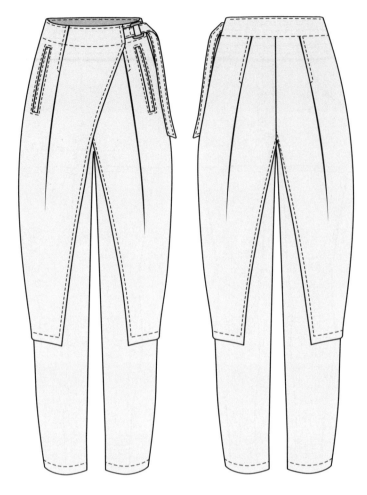

中腰腰部系带不规则分割类长裤

胯部垂荡褶装饰翻脚口短裤

裤身抽碎褶装饰七分裤

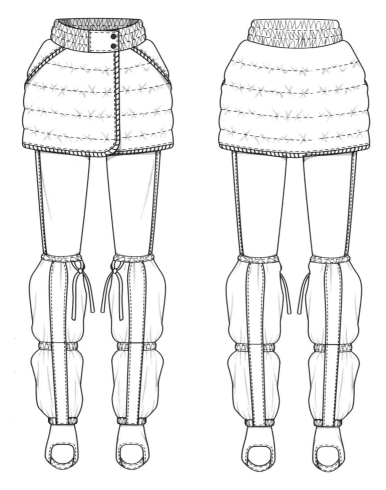

压线羊腿钩脚裤

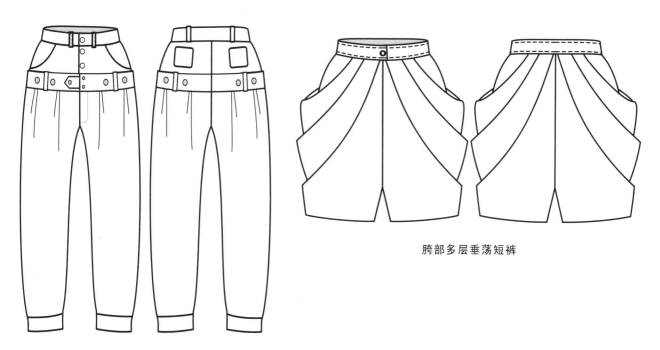

胯部多层垂荡短裤

胯部装饰皮带个性裤

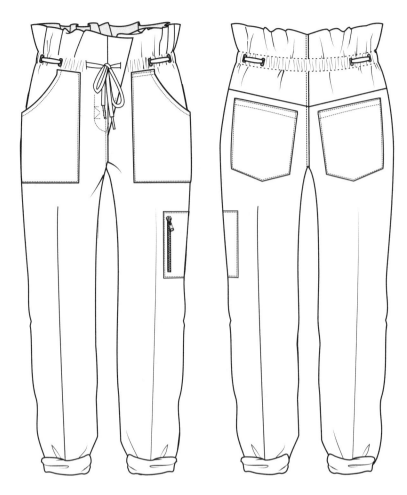

腰部木耳边松紧系带工装裤

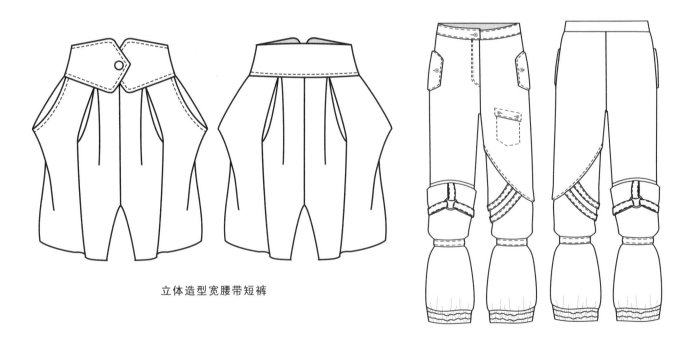

立体造型宽腰带短裤

中腰小腿中部收紧分割类长裤

中腰假两件挖袋长裤

中腰腰部抽皱类哈伦裤

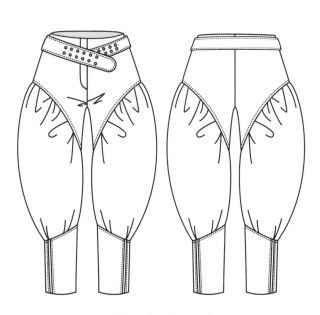

装饰腰带灯笼七分裤

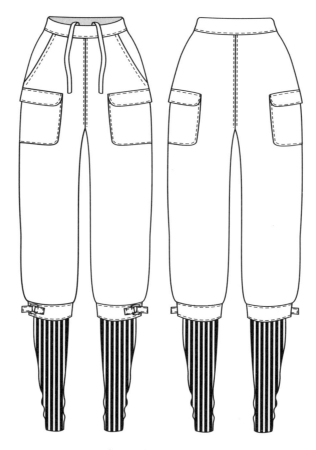

中腰腰部系带羊腿裤

中腰假两件长裤

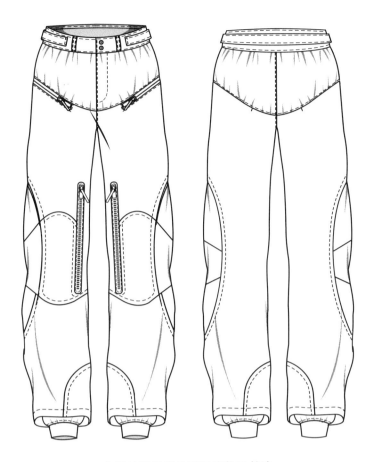

中腰拉链抽褶分割压线收口长裤

抽褶个性褶裥低裆垮裤

假两件裙裤

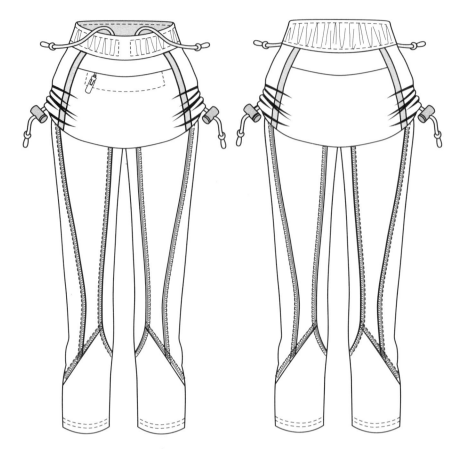

中腰腰部假两件抽皱类长裤

侧边百褶装饰假两件短裤　　　　　　　假两件宽松半身裙裤

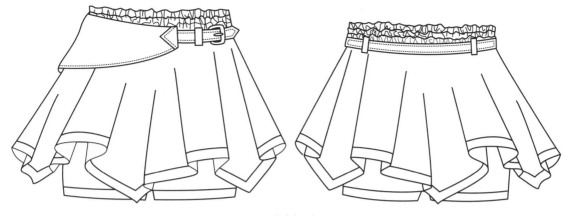

不对称裙裤

假两件压线A字半身裙裤

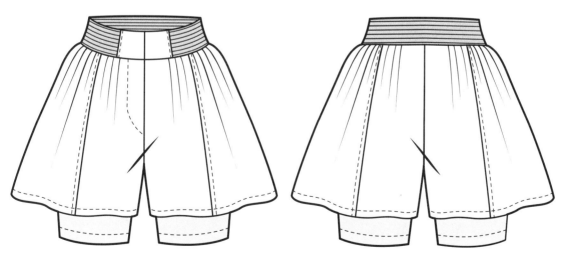

双层短裤

腰部小碎褶系带假两件短裤

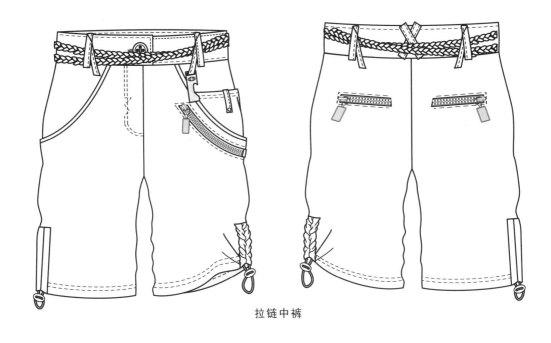

拉链中裤

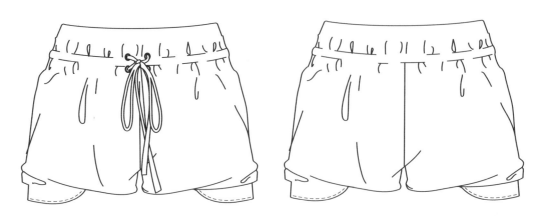

宽松抽线假两件运动休闲短裤

第十一章

细节图设计

裤子细节设计——口袋（1）

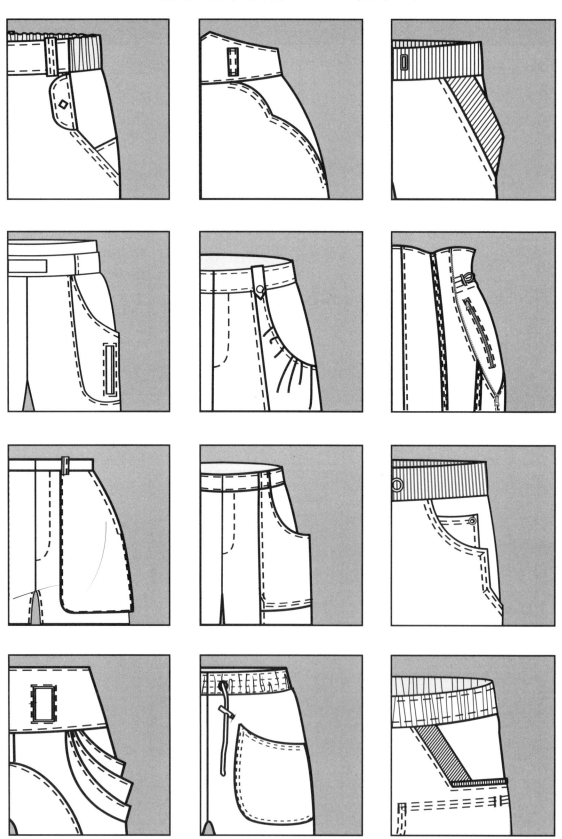

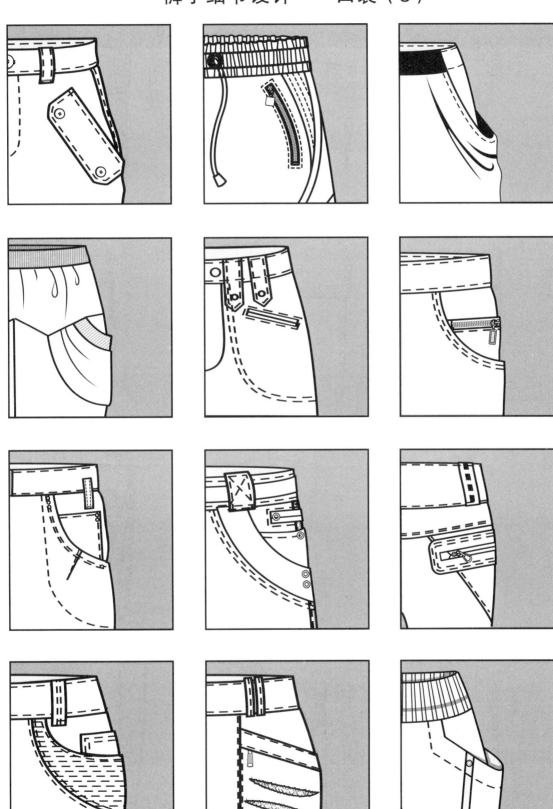

裤子细节设计——口袋（4）

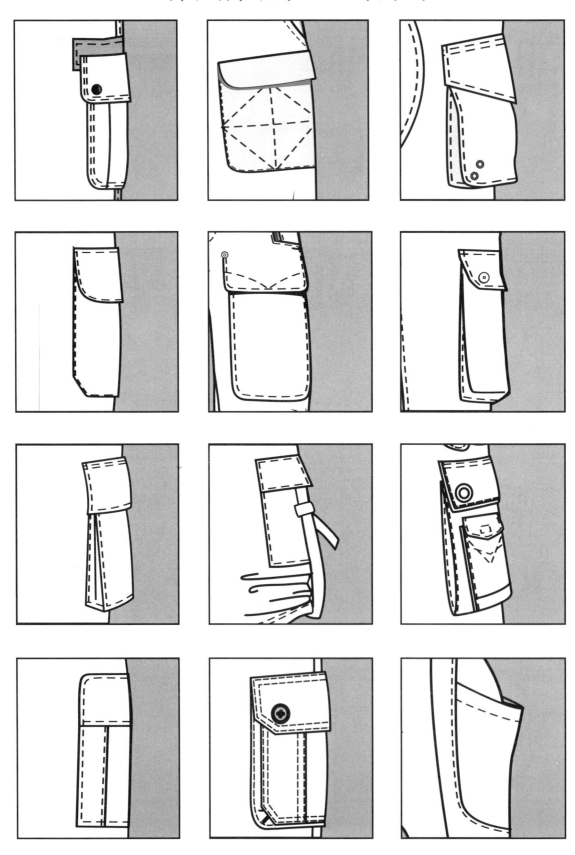

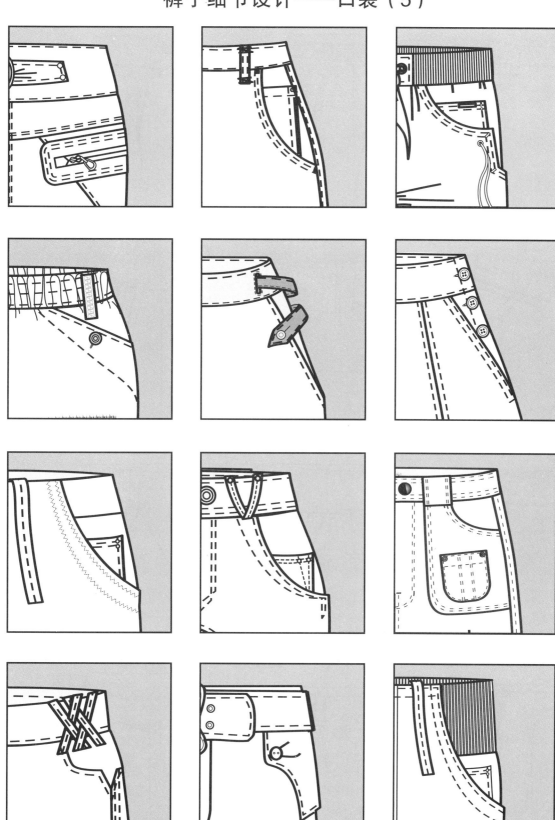

裤子细节设计——口袋（6）

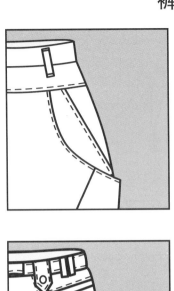 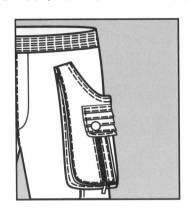 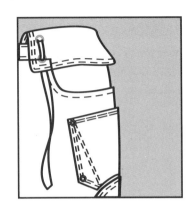

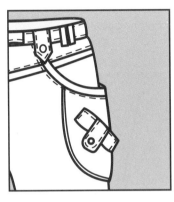  

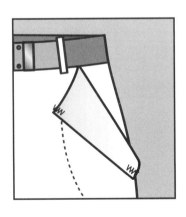 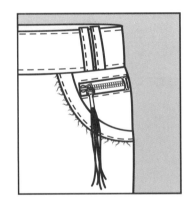 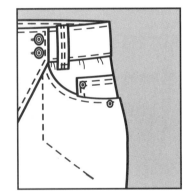

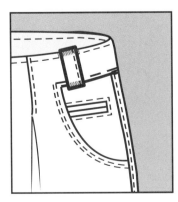 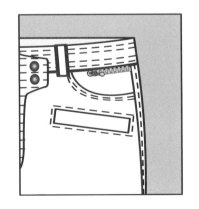 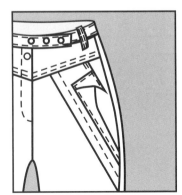

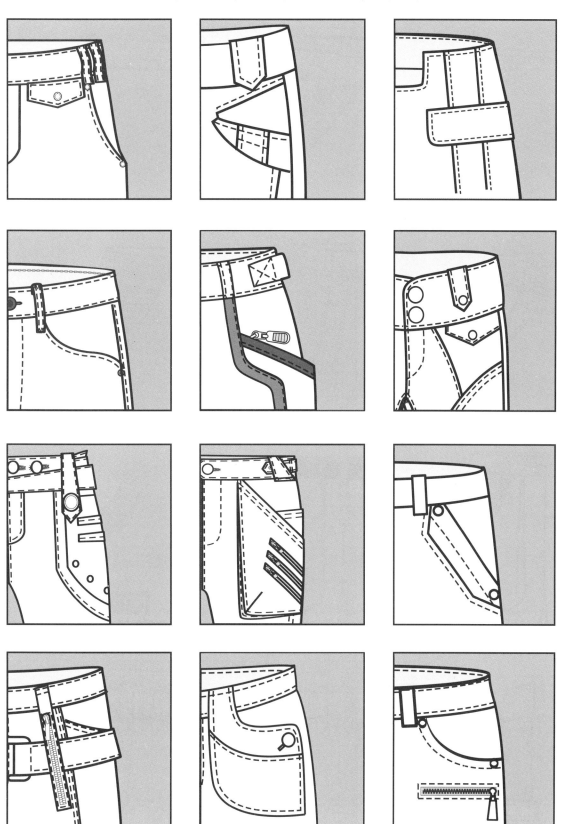

裤子细节设计——口袋（9）

裤子细节设计——口袋（10）

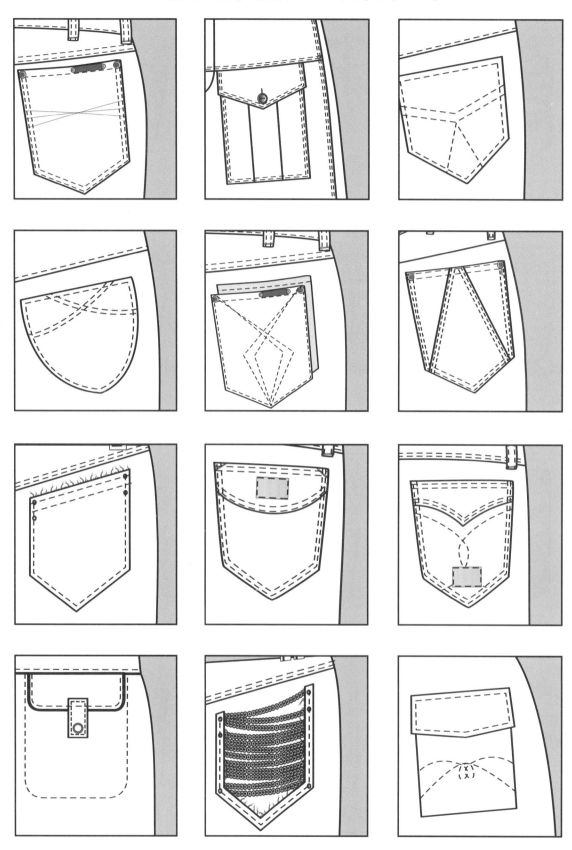

裤子细节设计——腰（1）

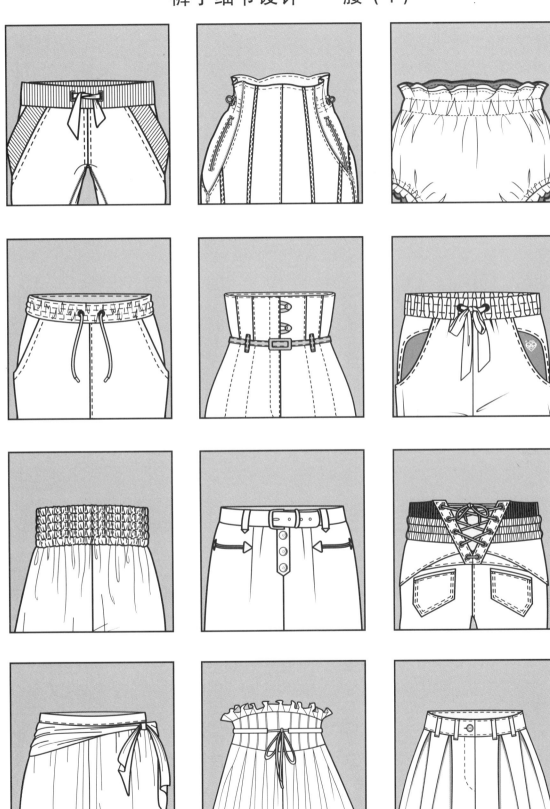

裤子细节设计——腰（2）

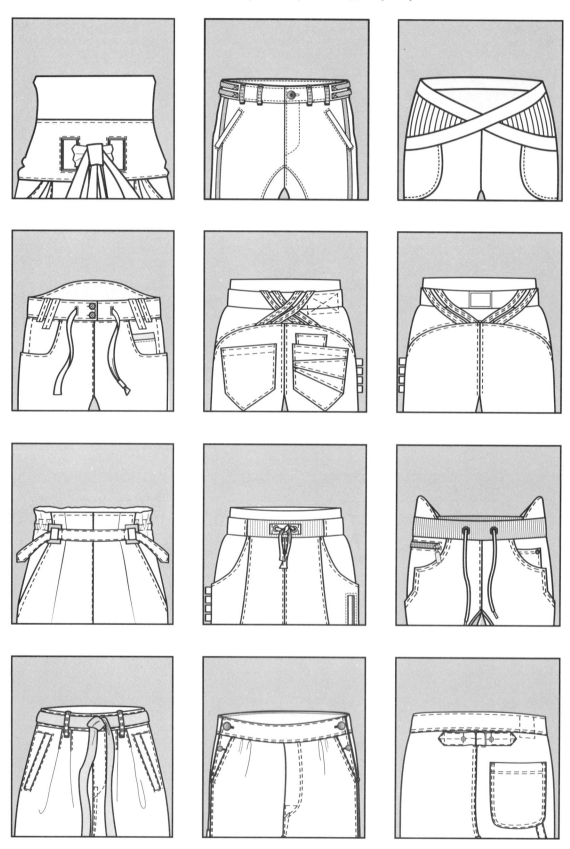

裤子细节设计——腰（3）

裤子细节设计——腰（4）

裤子细节设计——腰（5）

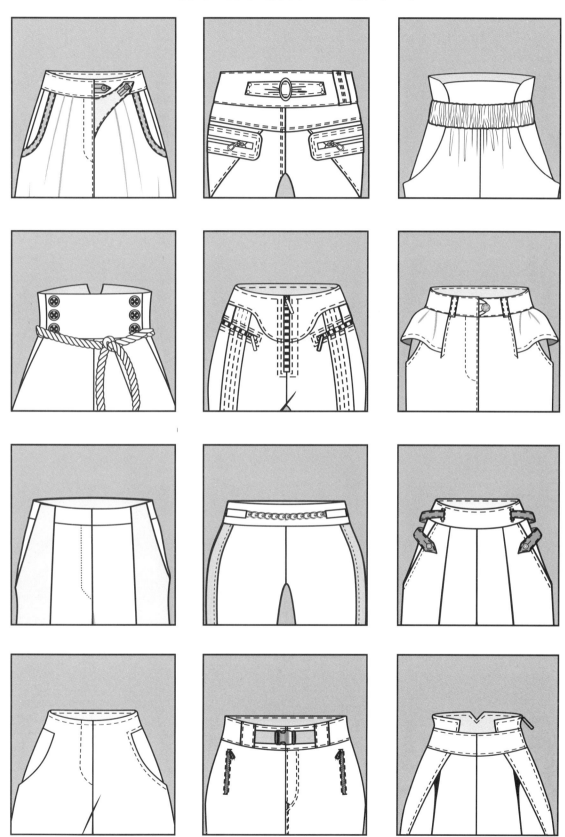

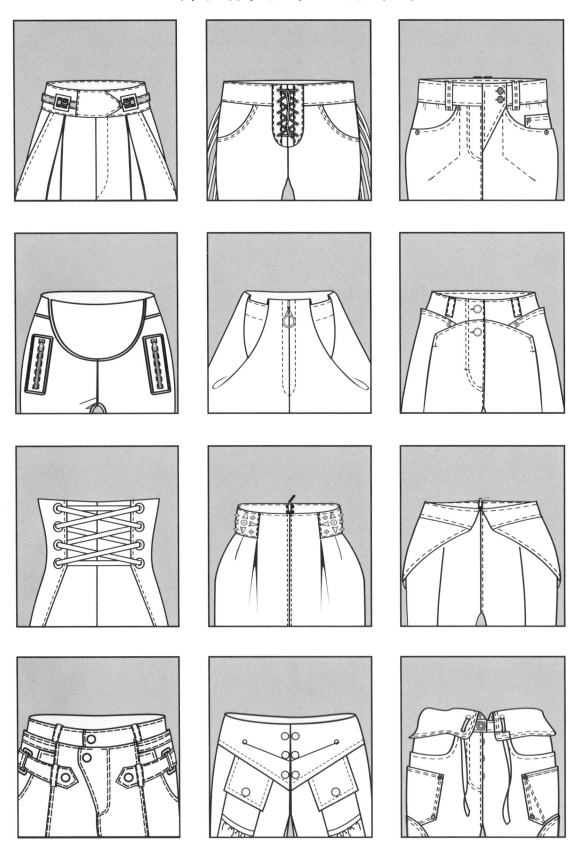

裤子细节设计——腰（7）

裤子细节设计——腰（8）

第十二章

彩色系列款式图设计

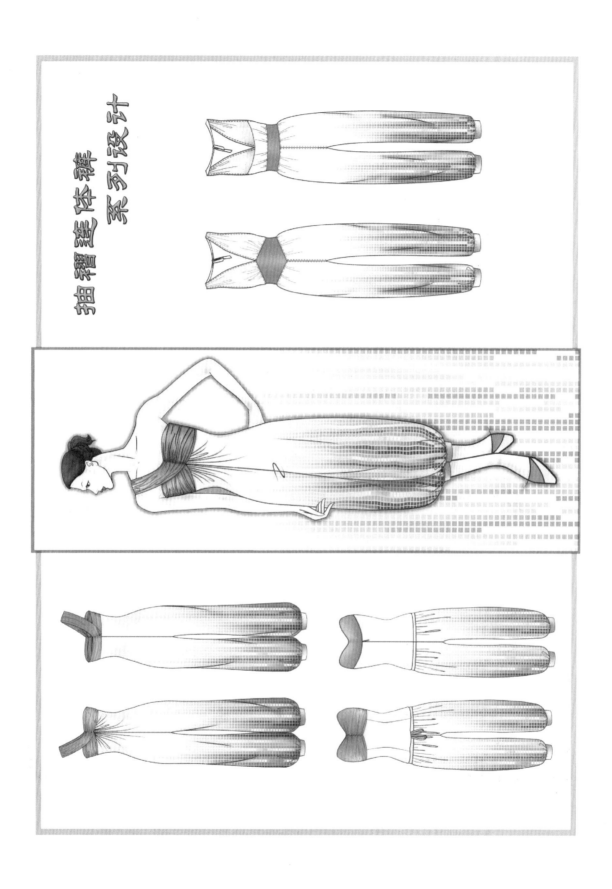

猫耀莲体裤
系列设计

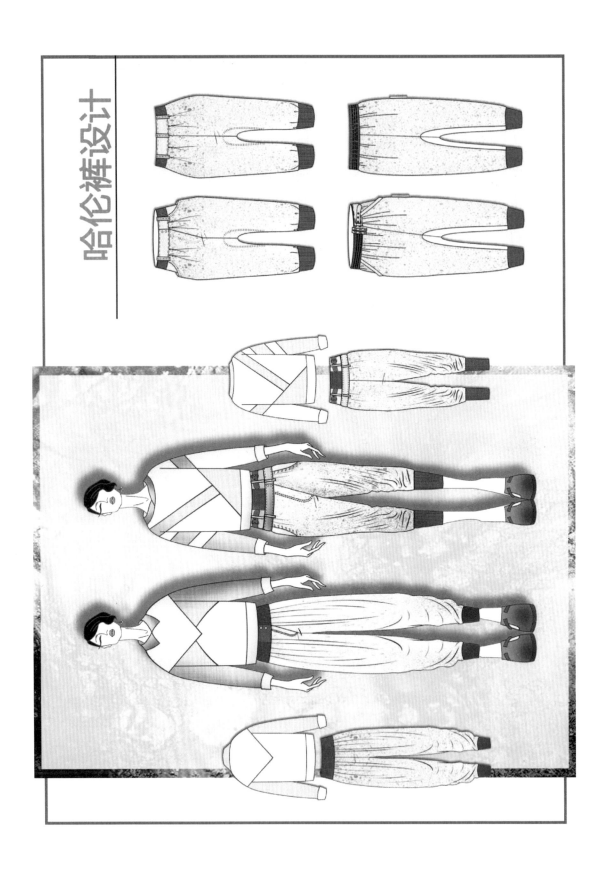

哈伦裤设计

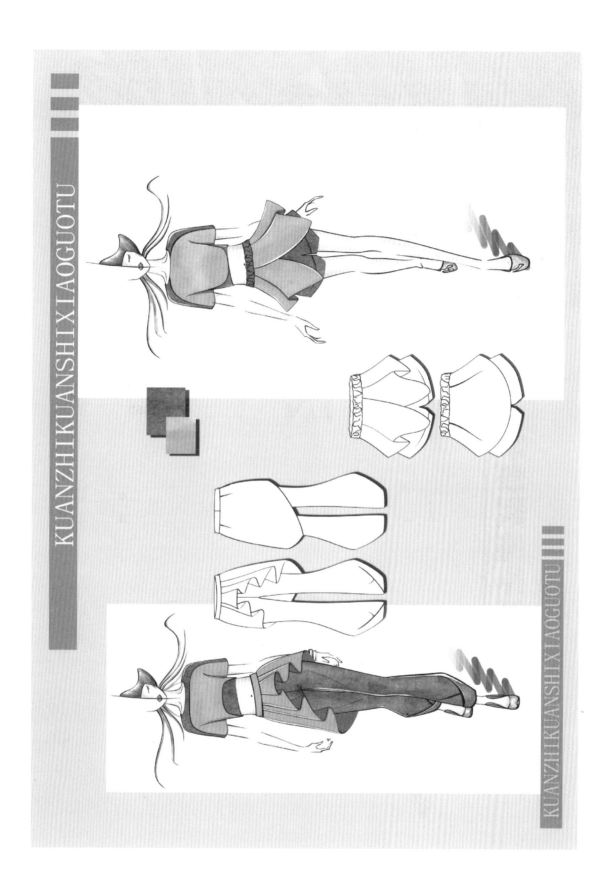

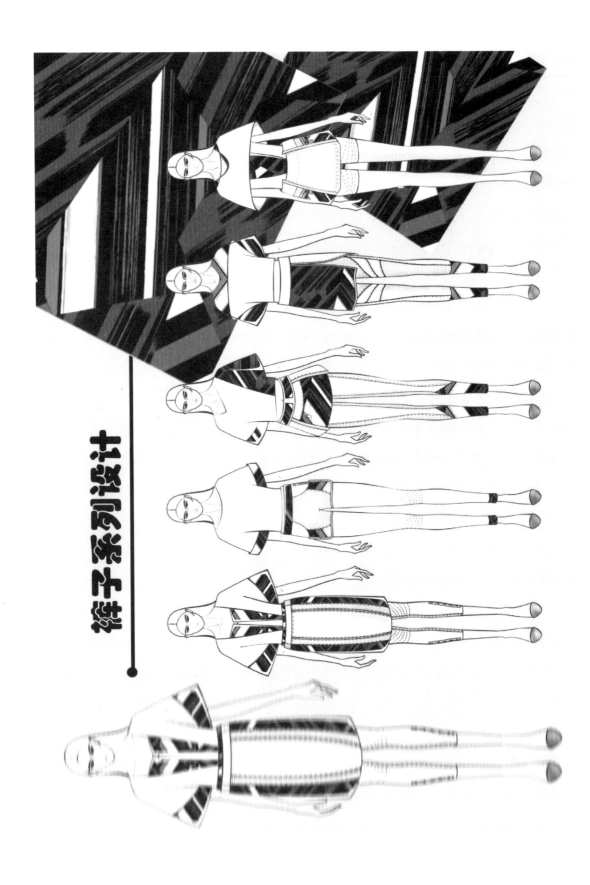

裤子系列设计

紧身裤系列设计

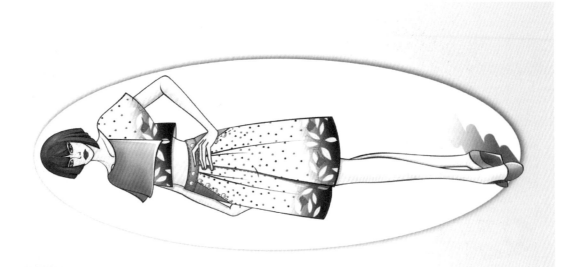

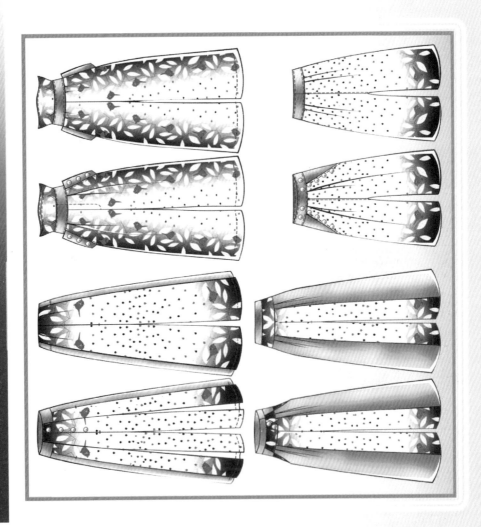

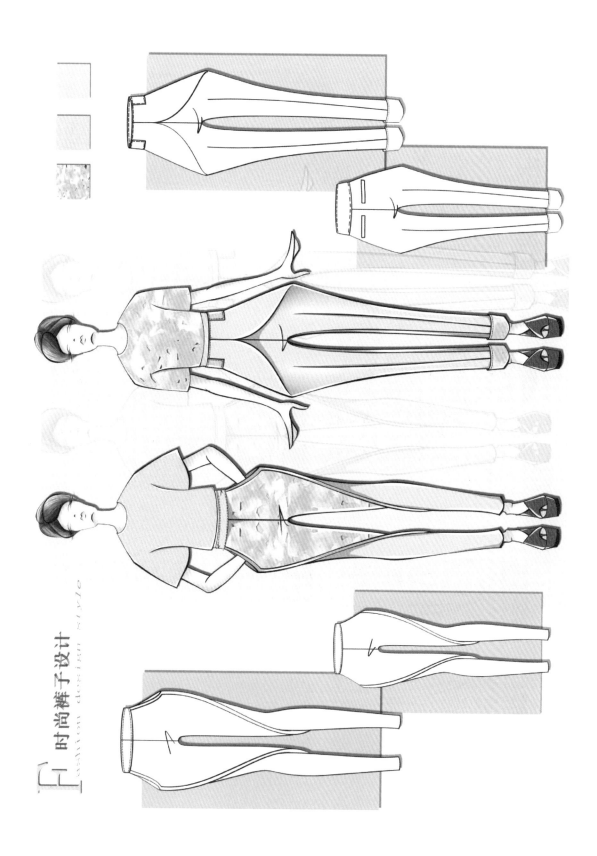

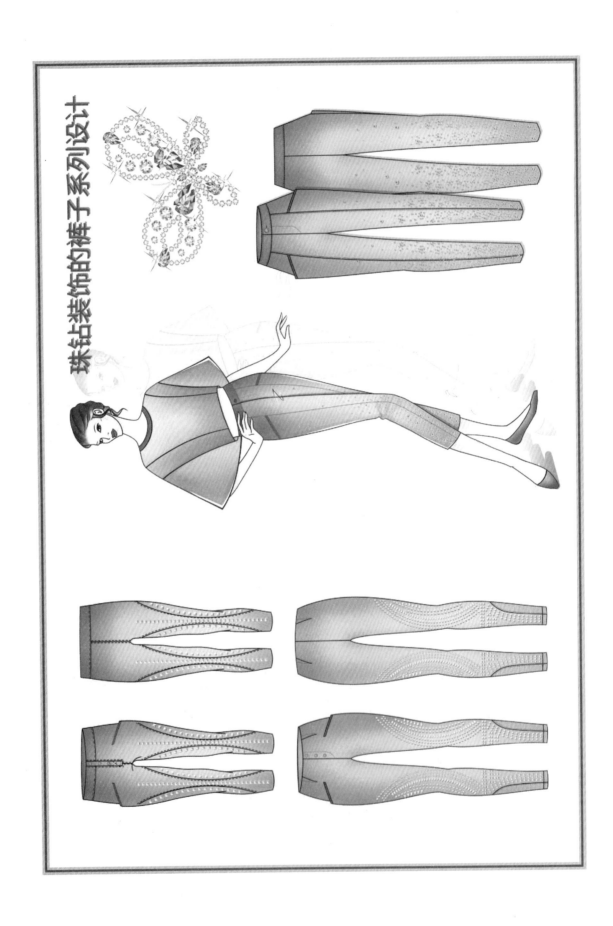

珠钻装饰的裤子系列设计